石油高职高专规划教材

保护油气层技术

（第二版·富媒体）

熊海灵　廖作才　主编

许　涛　主审

石油工业出版社

内 容 提 要

本书在介绍保护油气层技术研究进展、特点及发展方向的基础上,详细阐述了油气层伤害的室内评价、油气层伤害机理,系统介绍了钻井、完井和油田开发过程中的保护油气层技术,并论述了油气层伤害的矿场评价技术。本书在阐述机理的同时,力求理论联系实际,通过现场实例使读者更易理解。

本书可作为高职院校石油工程、油田应用化学等专业的教材,也可供现场科研技术人员参考。

图书在版编目(CIP)数据

保护油气层技术:富媒体/熊海灵,廖作才主编. —2 版. —北京:石油工业出版社,2017.11

石油高职高专规划教材

ISBN 978 – 7 – 5183 – 2224 – 4

Ⅰ. ①保… Ⅱ. ①熊…②廖…Ⅲ. ①油层保护—高等职业教育—教材 Ⅳ. ①TE258

中国版本图书馆 CIP 数据核字(2017)第 261464 号

出版发行:石油工业出版社

　　　　(北京市朝阳区安华里 2 区 1 号楼　100011)

　　　　网　　址:www. petropub. com

　　　　编辑部:(010)64256990

　　　　图书营销中心:(010)64523633

经　　销:全国新华书店

排　　版:北京密东文创科技有限公司

印　　刷:北京中石油彩色印刷有限责任公司

2017 年 11 月第 2 版　2017 年 11 月第 3 次印刷

787 毫米 ×1092 毫米　开本:1/16　印张:10

字数:254 千字

定价:24.00 元

(如发现印装质量问题,我社图书营销中心负责调换)

《保护油气层技术(第二版·富媒体)》
编 审 人 员

主　编： 熊海灵　　天津工程职业技术学院

　　　　　廖作才　　克拉玛依职业技术学院

副主编： 武世新　　延安职业技术学院

　　　　　闫方平　　承德石油高等专科学校

主　审： 许　涛　　东北石油大学

参　编： （按姓氏笔画排序）

　　　　　史园园　　濮阳职业技术学院

　　　　　冯婷婷　　濮阳职业技术学院

　　　　　杨红丽　　延安职业技术学院

　　　　　单秀华　　承德石油高等专科学校

　　　　　唐小刚　　延安职业技术学院

　　　　　常　亨　　湖北科技职业学院

第二版前言

本书第一版自2012年10月出版以来,受到石油高职高专院校师生的广泛赞誉。为了响应国家"十三五"职业教育规划,紧跟高职教育改革步伐,打造精品,2015年4月,各石油高职高专院校教师和专家齐聚一堂,在天津工程职业技术学院就本书的修订进行了深入的探讨,达成了修订共识。

本次修订秉持突出职业性、技术性、应用性、针对性的原则,同时注重教材的层次性和衔接性,在对原书知识进行整合的同时,增加了保护油气层新工艺、新技术,紧扣本专业最前沿知识,做到理论与实际相结合,旨在提高学生的专业理论素养和实践技能。

本次修订对各章内容和布局主要做了以下修改和完善:

(1)查阅文献,精选案例,结合最新生产案例分析不同作业条件下的保护油气层技术,使理论与实践结合更加密切,引用的保护油气层技术更先进。同时,书中插入了大量的富媒体资源,并以二维码的形式呈现,使学生更容易理解和学习相关内容。

(2)在第二章中对岩心分析的内容及应用部分做了删减,对常用油气层敏感性评价方法部分做了整体总结归纳,以表格的形式呈现,便于理解和掌握;增加了"第四节 室内评价实用案例"。

(3)第四章删去了保护油气层的固井技术,增加了欠平衡钻井的优缺点、实施条件以及实施方法。

(4)第五章中增加"固井过程中的保护油气层技术",结合采油生产管理及井下作业,将书中内容重复的部分及与保护油气层技术无关的部分内容删除。

(5)在第一版的基础上,第六章将油层伤害和气层伤害单独进行论述,并就这些伤害论述了相应的保护油气层技术;第四节将洗井过程中的保护油气层技术单列出来进行论述,力求引起读者重视。

(6)第七章把油气层伤害的评价参数提至第一节,并对裂缝—孔隙型油藏伤害的评价标准进行了展开,更具体化了裂缝—孔隙型油藏新的评价参数和评价标准。

本书由熊海灵、廖作才担任主编,武世新、闫方平担任副主编,许涛担任主审。具体编写分工如下:第一章由廖作才、唐小刚编写;第二章由单秀华编写;第三章由熊海灵编写;第四章由常亨编写;第五章由闫方平编写;第六章由武世新、杨红丽编写;第七章由冯婷婷、史园园编写。全书由熊海灵统稿。

本书在编写过程中,得到了各参与院校教务处及院系相关领导的大力支持,在此表示感谢。由于编者水平有限,书中如有错误和不妥之处,敬请批评指正。

编 者

2017年6月

第一版前言

油田生产涉及众多密切相关的专业。一项具体的施工作业必须多部门通力协作，并进行有效监督和管理，才能防止事故的发生，进而取得良好的预期效果。保护油气层技术是一门涉及系统方案设计、试验技术、现场施工及评价、储层预测的综合技术学科。它综合运用了石油地质、油层物理、渗流力学、测井解释、油田化学、钻井工程、采油工程、提高采收率技术等方面的成果和专业知识，应用现有技术手段对生产过程中典型的油层伤害进行归类和机理剖析，寻求适当的作业方案和对策，以便获得最佳采收率与最大经济效益。

作为专业课，本教材在内容选取上，充分反映了现代油田生产的特点，包含了主要生产部门和环节，体现了现代生产工艺水平，突出了学生职业能力的培养。同时，本教材将理论与技能相结合，难易适度，符合先进性、科学性和实用性的设计理念。

本书由克拉玛依职业技术学院廖作才、天津工程职业技术学院熊海灵担任主编，辽河石油职业技术学院黄娅萍、大庆职业学院王岚担任副主编。渤海石油职业技术学院的崔树清和辽河石油职业技术学院张忠辉参与了部分章节的编写。具体分工情况如下：第一章、第四章由廖作才、熊海灵编写，第二章、第八章由黄娅萍编写，第三章由崔树清编写，第五章由张忠辉编写，第六章、第九章由熊海灵编写，第七章由王岚编写。

本书在编写过程中，得到了各参与院校教务处及院系相关领导的大力支持，在此表示感谢。教材中的一些章节引用了有关参考文献的部分内容和图表，在此也向这些作者表示诚挚的感谢。全书由廖作才统稿，熊海灵提供了所有章节的思考题。

由于编者的经验不足，水平有限，书中如有错误和不妥之处，敬请批评指正。

编　者

2012 年 5 月

目　　录

第一章　绪论 ………………………………………………………………… 1

　第一节　保护油气层技术研究进展 ……………………………………… 2

　第二节　保护油气层技术特点及发展方向 ……………………………… 5

　复习思考题 ………………………………………………………………… 8

第二章　油气层伤害的室内评价 ………………………………………… 9

　第一节　室内评价概述 …………………………………………………… 9

　第二节　岩心分析 ………………………………………………………… 11

　第三节　室内评价实验 …………………………………………………… 21

　第四节　室内评价实用案例 ……………………………………………… 25

　第五节　油气层敏感性预测技术 ………………………………………… 30

　复习思考题 ………………………………………………………………… 33

第三章　油气层伤害机理 ………………………………………………… 34

　第一节　油气层伤害的内在因素 ………………………………………… 34

　第二节　油气层伤害的外在因素 ………………………………………… 39

　知识拓展 …………………………………………………………………… 45

　复习思考题 ………………………………………………………………… 45

第四章　钻井过程中的保护油气层技术 ………………………………… 46

　第一节　油气层伤害原因分析 …………………………………………… 46

　第二节　保护油气层的钻井液 …………………………………………… 49

　第三节　保护油气层的钻井工艺技术 …………………………………… 59

　知识拓展 …………………………………………………………………… 66

　复习思考题 ………………………………………………………………… 66

第五章　完井过程中的保护油气层技术 ·················· 67

第一节　固井过程中的保护油气层技术 ·················· 68

第二节　射孔完井的保护油气层技术 ·················· 75

第三节　防砂完井的保护油气层技术 ·················· 84

第四节　试油过程中的保护油气层技术 ·················· 94

知识拓展 ·················· 97

复习思考题 ·················· 97

第六章　油气田开发过程中的保护油气层技术 ·················· 98

第一节　采油中的保护油气层技术 ·················· 99

第二节　采气中的保护油气层技术 ·················· 102

第三节　注水中的保护油气层技术 ·················· 106

第四节　洗井过程中的保护油气层技术 ·················· 110

第五节　酸化、压裂中的保护油气层技术 ·················· 112

第六节　提高采收率措施中的保护油气层技术 ·················· 127

第七节　修井作业中的保护油气层技术 ·················· 134

复习思考题 ·················· 136

第七章　油气层伤害的矿场评价 ·················· 137

第一节　油气层伤害的评价参数 ·················· 138

第二节　油气层伤害的试井评价 ·················· 141

第三节　油气层伤害的测井评价 ·················· 144

复习思考题 ·················· 150

参考文献 ·················· 151

富媒体资源目录

序号	名称	页码
1	彩图 1-1　大港油田液体欠平衡钻井现场	6
2	彩图 2-1　X 射线衍射仪	13
3	彩图 2-2　扫描电镜	15
4	彩图 2-3　岩屑溶蚀残余物呈星点状分布	17
5	彩图 2-4　压汞仪	17
6	彩图 2-5　岩心流动实验总流程图	22
7	彩图 4-1　四川普光气田空气钻井施工现场	54
8	彩图 5-1　射孔弹与射孔枪	75
9	彩图 5-2　射孔过程示意图	75
10	彩图 5-3　割缝衬管防砂示意图	86
11	彩图 5-4　砾石充填防砂示意图	87
12	彩图 6-1　注水过程示意图	106
13	微课 1　岩石比面测定	45
14	微课 2　一滴钻井液的神奇之旅	66
15	动画 2-1　薄片分析过程	16
16	动画 5-1　正压射孔过程	80
17	动画 5-2　砾石充填防砂过程	87
18	视频 4-1　井喷现场	62
19	视频 5-1　固井过程	68
20	视频 5-2　水平井裸眼滑套分段压裂完井	97
21	视频 6-1　气井-泡沫复合排水采气技术	104

本教材的微课由承德石油高等专科学校刘春艳和湖北科技职业学院王家旻制作提供,其他富媒体资源由熊海灵、单秀华提供。若教学需要,可向责任编辑索取,邮箱为 upcweijie@163.com。

第一章

绪　论

所谓油气层伤害(也称为储层伤害、地层伤害)是指由于各种不利作用所造成的含油层渗透率的降低,即当进行钻井、完井、采油、增产、修井等各种作业时,在油气层近井壁带会造成流体产出或注入自然能力下降的现象。由于油气层伤害往往使生产作业代价高昂,实际操作中,应该力求避免出现这一后果。

油气层伤害在实际生产中的危害是多方面的。首先它会降低产能与产量,影响试油与测井资料解释的正确性,严重时导致误诊、漏掉油气层,还会造成油气层储量与产能估算不准、影响合理制订开发方案。其次,它会增加试油、酸化、压裂、解堵、修井等井下作业的工作量,增加油气生产成本。另外,消除油气层伤害的技术措施成本高、作用效果有限。一旦油气层受到严重伤害,必然会影响最终采收率。

Bennion(1999)将油气层伤害描述为:由于油气层伤害的不可见性,会不可避免地且不可控制地导致产量难以估量的、不确切的下降。系统地进行油气层伤害评价、控制和补救是解决油藏有效开采最重要的课题之一。油气层伤害具体包括渗透率的伤害、井壁堵塞和油井产能变差。Porter(1989)指出:油气层伤害未必可逆;进入孔隙介质中的东西未必出得来,并称这种现象为反向漏斗效应。因此,最好是避免油气层伤害发生而不是力求将其恢复。实验和分析技术、建模及模拟方法有助于了解、诊断、评价、预防、治理和控制油气藏中的油气层伤害问题。

Civan(1996)指出:油气层伤害模型可以表示遭受各种蚀变作用的孔隙介质与传输流体能力的动态关系。油气层伤害建模一直受到人们的关注,虽然现在提出的模型很多,但这些模型并不具备普适性。然而,对各种建模方法的分析表明,这些模型又都有共同的基础。

已有的油气层伤害研究成果是我们认识和模拟油气层伤害的重要基础。这些研究可以用来对岩石、流体、颗粒间相互作用以及岩石形变引起的各种作用进行模型辅助分析,并对制订控制油气层伤害开采策略进行科学的指导。需要指出的是,很多实验和理论研究的目的是为了了解控制油气层伤害的因素和机理。尽管从这些研究中得到了一系列的结论,但是还没有形成统一防治理论和方法。

综上,进行油气层伤害研究目的可以表述为:(1)通过实验室和现场试验了解这些作用;(2)通过对基本理论和作用的描述建立数学模型;(3)对油气层潜在伤害的预防和治理进行优化;(4)制订控制油气层伤害的策略和补救方法。借助于模型辅助资料分析、实例研究、超出有限试验条件的外推和标定,这些任务是可以完成的。通过宏观尺度相关现象的描述,即有代表性单元孔隙介质的平均情况,可得出通用油气层伤害模型的公式。

油气田开发中的大量油气层伤害实例表明,保护油气层技术对油气田具有极端重要性。保护油气层技术必须贯彻到油气田勘探、开发的每一个阶段和相应的技术环节,并依据各阶段施工特点,采取针对性的、有效的技术措施,将保护油气层技术融入到系统作业方案之中。

第一节 保护油气层技术研究进展

保护油气层技术是一项涉及多专业、多学科的综合配套技术,简单地讲就是在油气层勘探开发中防止油气层伤害,低成本高效率地进行油气层勘探开发的系列技术。保护油气层技术贯穿于油田生产作业的各个阶段。虽然钻井工艺技术水平的高低对保护油气层有着直接而突出的影响,但后续采油作业的众多环节以及面对的复杂地层和井况,仍然使保护油气层技术面临重重挑战。人们尝试弄清各类油气层伤害机理,找出主要因素,评估它们的作用和大小,并提出针对性的工艺和技术措施。这一系列不懈努力推动着保护油气层技术不断向前发展。

一、国外保护油气层技术研究概述

保护油气层工作在国外起步较早。20 世纪 30 年代,油气层伤害的问题就引起了美国等一些产油大国石油公司的注意。50 年代开始机理研究,至 70 年代中期,保护油气层影响加大。1954 年,美国石油工程师学会(SPE)召开了第一届"控制地层伤害国际会议",此后每两年召开一次,国际保护油气层研究工作从此进入了正规化的发展轨道。

(一)发展阶段

根据历届会议发表的论文内容和数量统计,国际保护油气层技术的发展大致可分为以下三个阶段。

1. 20 世纪 70 年代前

20 世纪 70 年代前的保护油气层技术以钻井液、完井液基本成分伤害特征为主要研究内容。这个阶段的机理研究工作进展缓慢,只限于经验性和定性的阶段;评价油气层伤害的方法主要以岩心流动试验为基础;钻井液、完井液技术发展较快。深井钻井液、石膏钻井液、氯化钾钻井液及乳化钻井液都是这个阶段发展起来的。

2. 20 世纪 80 年代

20 世纪 80 年代是以机理性研究兴起为标志的发展阶段。这个阶段在油气层的测试技术和方法、伤害机理以及预防和处理伤害的工艺技术等方面都取得了很大的进展,主要表现为:(1)对油气层伤害机理作了较为系统、全面的研究,并开始从油气层自身的性质来研究油气层伤害;(2)开始应用物理模型和数学模型研究伤害机理;(3)研制了不同类型的动态模拟装置;(4)相继发展了近平衡压力钻井、负压钻井和负压射孔等新技术;(5)电镜扫描成为研究伤害机理的重要手段。

3. 20 世纪 90 年代至今

20 世纪 90 年代至今是保护油气层各项技术大发展阶段。这个阶段,机理性、智能性分析,预测、评价技术以及钻井、完井、采油各个作业环节中的保护油气层工作都得到了突飞猛进的发展,主要表现为:(1)机理分析已由定性、半定量向着定量发展;(2)逐步利用数值模拟和人工智能专家系统实现油气层伤害的机理性预测和评价;(3)在岩相分析技术方面,发展和应用了矿物学分析技术、X 射线荧光分析技术、CT 扫描技术、岩相图像分析等;(4) 防止油气层伤害的新措施不断出现;(5) 三次采油和水平井保护油气层技术兴起。

目前,国外保护油气层主要进行以下几方面的研究:(1)模拟地层条件下的油气层伤害程度和机理研究;(2)地层孔隙压力和破裂压力的准确预测与随钻监测研究;(3)油气层岩性和物性的预测与随钻监测研究;(4)研究保护油气层效果好、适用范围广、负面影响小的钻井液、完井液及相应的添加剂;(5) 射孔、油气层改造和测试联作技术的进一步完善和提高;(6)计算机在保护油气层技术中的应用研究。

(二)油气层伤害机理研究进展

国外专家对油气层伤害机理进行了深入的系统研究。通过模拟条件装置来研究伤害机理,确定伤害油气层的定量指标。把油气层伤害机理归纳为 22 项:(1)润湿性改变;(2)水锁;(3)凝析气层液锁;(4)气锥或水柱;(5)毛管压力的改变;(6)黏土膨胀;(7)微粒运移;(8)伊利石云母破碎解体;(9)无机盐沉淀;(10)注 CO_2 导致无机盐沉淀;(11)酸化引起的沉淀;(12)碳酸盐溶解沉淀;(13)外来固相的堵塞;(14)油气层固相物堵塞;(15)力学机制引起的堵塞;(16)酸渣堵塞;(17)蜡堵;(18)乳状液堵塞;(19)细菌堵塞;(20)沥青沉淀;(21)含水饱和度升高使油相流动阻力增大;(22)气井中含油饱和度升高使气相流动阻力增大。

另外,国内专家开始研究应力和变形对油气层伤害的影响。对润湿性、pH 值、含盐量等因素对油气层伤害的影响也进行了深入的研究。

对油气层伤害机理进行科学的诊断是对油气层实施有针对性的保护技术的前提条件。因此,国外石油工程界对伤害机理的研究高度重视。近年来在以下几个方面的研究又取得了新的进展。

1. 固相侵入引起油气层伤害研究

国外学者着重研究了钻井液中固相的平均粒径、固相浓度、油气层渗透率和正压差等因素对渗透率伤害程度和有效伤害深度的影响。同时对颗粒沉积引起渗透率下降的物理过程进行了探讨。固相颗粒在油气层中的沉积是造成油气层渗透率下降的一个重要原因。颗粒沉积引起渗透率下降的过程包括:表面沉降、孔隙桥堵、内泥饼和外泥饼的形成。其机理可分为表面沉积机理和孔隙架桥机理。

2. 黏土矿物水化膨胀和分散运移引起的伤害

S. Karaborni 等人针对保护油气层问题,依据分子动力学原理,采用蒙特卡罗分子模拟方法研究了钠蒙脱石的水化膨胀机理。模拟结果表明,大多数钠蒙脱石在水化后有 4 种不同的稳定状态。

而主要影响因素包括油气层流体的流速、化学组成、pH 值和温度以及油气层黏土矿物的组成、微观结构、可交换阳离子的组成等。研究表明,黏土引起的油气层伤害不仅取决于黏土的总含量,还取决于其组成、微观结构和形态。

在油层物理与石油地质的分析中,当在油气层孔喉中测到有高岭石矿物颗粒充填时,通常认为油气层伤害的机理是微粒运移。然而研究发现,在低温下并不是微粒运移,而是高岭石被 Na_2O_2 氧化。而氧化反应的过程正是地层微粒从高岭石母体上被逐渐分散和解离的过程。

3. 聚合物吸附引起的油气层伤害

钻井液中聚合物处理剂侵入油气层后,其链状分子在孔喉处形成多点吸附,其结果对渗透率下降有很大影响。Audibert. A 等人对此进行了专门研究。聚合物处理剂既是有效的增黏剂,同时又可通过对泥饼的堵孔作用起降滤失的作用。但是,采用 CT 扫描技术进行测定结果表明,无论是黄原胶生物聚合物还是淀粉类聚合物,都会对油气层岩心渗透率造成一定的伤害。这主要是因为一部分聚合物会侵入油气层,甚至油气层深部。

由于这部分聚合物的分子链吸附在某些孔喉处,因而会在不同程度上对油气层造成伤害。用岩心流动实验可进一步证实,大多数聚合物是通过堵塞孔喉和提高剩余水饱和度对油气层造成伤害的,其伤害程度与聚合物的结构、分子量及吸附量等因素有关。侵入油气层的聚合物分子链刚性越强,分子量和吸附量越大,则对渗透率的伤害越严重。在相同实验条件下,几种聚合物处理剂的吸附量排序为:淀粉 ≥ 黄原胶 ≥ PAC(聚阴离子纤维素) ≥ TC(抗高温聚合物)。为减轻聚合物对油气层的伤害,必须控制随滤液一起侵入油气层的那部分分子链所占的比例,尽量通过调整其结构使大多数分子链沉积在泥饼上而参与对泥饼的堵孔作用。

二、国内保护油气层技术研究概述

我国的保护油气层工作起步较晚,真正有意识地将保护油气层提到石油系统的工作日程上是在 20 世纪 80 年代。经由"七五"到"十三五"的科技攻关,已取得了巨大进展,尤其是 20 世纪 90 年代以来,发展开始加快,获得了明显的经济效益。

(一)油气层伤害分析评价技术

油气层伤害分析评价技术在"八五"和"九五"期间取得了突破,至"十二五""十三五"进一步得到了发展。主要表现在:(1)室内评价技术更加符合油藏实际条件;(2)多种评价资料的综合解释及评价方法进一步优化;(3)油气层伤害微观机理的深化与量化;(4)宏观研究领域的拓宽;(5)机理性分析保护数据库和知识库的建立;(6)伤害机理研究逐步向数值模拟和智能化软件技术方向发展;(7)机理分析为油气服务的趋势加强。

油气层伤害评价技术具体包含了以下四个方面的技术和方法:

(1)岩类学分析定性评价油气层伤害。岩类学分析主要是利用现代化的仪器,选择有代表性的岩心做岩类学分析,从而了解地层孔隙中的矿物类型、数量、分布及孔隙结构等。进而分析油气层伤害和原因和可能存在的潜在伤害。分析方法包括:①X 射线衍射分析,确定地层中黏土矿物类型及含量;②薄片鉴定,分析粒径和孔隙大小,确定岩石结构和构造;③电镜扫描分析,观察岩石结构,进行半定量元素分析;④原子吸收光谱分析和电化学分析;⑤CT 扫描,做透视分析;⑥常规岩心分析,测定孔隙度、渗透率和饱和度。

(2)浸泡实验定性评价油气层伤害。浸泡实验也叫静态敏感性评价实验,是比较简单的室内实验评价方法。可以选择钻井液、完井液、修井液和酸化压裂液等作为实验液体。首先烘干地层岩心,然后抽真空饱和实验流体,或者用离心机高转速离心饱和,或者在压差作用下向岩心注入滤液;然后在滤液中浸泡 24h。浸泡前后,用岩类学方法分析岩心,取得数据,比较浸泡前后岩心中矿物溶解和沉淀情况,测定岩心中的化学组分对实验化学剂的敏感性,定性判断伤害程度。

(3)岩心流动实验定量评价油气层伤害。岩心流动实验能模拟高温高压条件下油气层的实际伤害过程,通过测定流动前后渗透率的变化,定量评价油气层伤害。

(4)矿场试验定量评价油气层伤害。前面三种油气层伤害评价方法主要用于优选流体。但由于各种原因,钻井、修井及完井等作业过程仍可能产生油气层伤害。用矿场试验结果确定油气层伤害程度,结合原因分析,就可以确定增产措施。一般而言,有三种矿场试验方法:①测井;②产能测试;③压力恢复试井。

（二）优化钻井与完井工艺保护油气层技术

（1）优化钻井液、完井液保护油气层技术。目前我国针对七种油气藏特点,已经形成水基、油基和气体型三大类近百种配方。其中,30种配方已基本满足了各类油气藏保护油气层的需要。

（2）钻井屏蔽暂堵技术。钻井屏蔽暂堵技术于20世纪90年代初由我国率先研制成功,现已在全国各油区推广应用,取得了较好的经济效益。

（3）完井射孔作业中保护油气层技术。20世纪90年代以来,我国射孔技术迅速发展,开展了负压射孔及优质射孔液的现场试验。目前,射孔优化设计、油管输送式射孔、射孔测试联作技术已大量应用并实现了国产化。

第二节　保护油气层技术特点及发展方向

一、保护油气层技术特点

保护油气层技术是一项涉及多学科、多部门的系统工程技术。认识油气层、保护油气和开发(含改造)油气层要注意以下三个方面的特点:

（1）该工作是一项系统工程,各个作业环节都存在油气层伤害,因此各项保护油气层技术要互相配合,按系统工程进行整体优化;油气层伤害的诊断、预防、处理、改造也是一项系统工程;保护油气层技术和经济效益密切相关。

（2）针对性。保护油气层技术的针对性很强,油气层特征不同(储层岩石、矿物组成、物性特征、流体性质等),作业特征及其开发方式不同,油气层产能不同。

（3）高效性。保护油气层技术投入少、产出多。保护油气层单井投入相对较低,实施保护技术后对于一个高产井每提高1%的产量就意味着巨大的经济效益。

二、保护油气层技术的发展方向

当前,保护油气层技术面临诸多挑战。首先是研究对象的复杂化与极端化,包括高孔高渗油气层保护问题、低孔低渗油气层保护问题、致密气藏的保护问题、裂缝型油气层的保护问题和高压深井油气层的保护问题等。其次是伤害机理研究的复杂化与系统化,包括高温高压条件下的伤害机理研究、特殊作业和特殊处理剂对油气层伤害的机理研究以及特殊油气层伤害机理与特点研究。再次是敏感性实验内容向多元化发展,包括应力敏感性、裂缝敏感性、单因素人造岩心敏感性和高温高压工况下的敏感性等。最后,钻井工艺、水泥浆技术及各类油气藏开发、工艺技术也在不断丰富和发展。

下面就欠平衡钻井技术、泥浆转化为水泥浆技术、钻井液及添加剂的评价与优化技术、采油过程中的保护油气层技术、稠油油藏的保护油气层技术、低渗透油藏的保护油气层技术以及水平井开发保护油气层技术等进行简单介绍。

（一）欠平衡钻井技术

欠平衡钻井技术是指在保持井内静液柱压力低于地层孔隙压力条件下的钻井技术。它主要有以下几个方面的优点：（1）降低过平衡压力钻井时钻井液对油气层的各种伤害；（2）减少或避免了井漏、压差卡钻等事故的发生；（3）延长钻头寿命，提高机械钻速，降低成本；（4）在钻井的同时能通过试井评价产层的生产能力和地层的性质，有利于迅速发现和保护油气层。这项技术的重点是研究使用低密度钻井流体。

通过研究和实践可将低密度钻井液分为：空气、雾、充气流体和泡沫流体四种。只要地层条件和井下条件允许，在低压油气层采用泡沫流体是目前最好的方法。据美国从事钻井作业的油公司调查，1994年采用低密度钻井流体钻的井数占当年美国钻井总数的7.2%，1995年达到10%，1997年该类井占钻井总数的15%，2000年上升到20%，2005年该类井数占到了钻井总数的30%。我国低密度钻井流体技术广泛应用于新疆、四川、华北、辽河、长庆、青海等油区，重点是进行泡沫钻井完井，已取得了较好的进展。近年来，胜利油区先后在草桥、孤南等潜山钻进中使用可循环泡沫钻井液，效果较好，解决了低压漏失层钻探的问题，并有效地保护油气层。实践表明，在负压钻井条件下，井眼稳定是关系到整套工艺能否实施的重大问题；地层条件的选择和钻井液类型的确定至关重要。大港油田液体欠平衡钻井现场见彩图1-1。

彩图1-1 大港油田液体欠平衡钻井现场

（二）泥浆转化为水泥浆技术

泥浆转化为水泥浆技术是在钻井结束后，通过一定技术措施，直接把环空内的泥浆和井壁表面的泥饼转化为可封固井眼并能支撑套管的胶结材料。由于转化后的水泥浆与钻井泥浆和泥饼的相容性好，不仅可以减少或消除顶替不充分等问题，而且还能降低固井成本，加强环境保护。因此，该技术已成为目前钻井和固井领域最具吸引力的研究方向之一。目前，泥浆转化为水泥浆的主要做法是，利用高炉矿渣作为胶结剂，通过向完井泥浆中加入磨细的高炉矿渣和激活剂，形成胶质的矿渣浆代替传统的波特兰水泥进行固井作业。高炉矿渣的主要组分是硅酸钙（镁）和硅铝酸钙（镁），化学成分属 $CaO-Al_2O_3-SiO_2$ 系统，其物理结构主要由玻璃相组成，因此添加适量的化学激活或热激活物质，能发生水化反应形成胶凝体，增加抗压强度。实验表明，聚合物—铵盐泥浆、海水聚合物泥浆、正电胶泥浆等经处理后均可转化为水泥浆。其稠化时间、抗压强度等都能达到固井要求。

（三）钻井液及添加剂的评价与优化技术

目前，国内外钻井液及添加剂的评价与优化技术主要围绕油气层保护、稳定井壁、提高钻速、降低成本和有利于环保等方面发展。有利于油气层保护的钻井液及添加剂有以下几种：被认为是替代油基泥浆首选体系的阳离子聚合物钻井液；用以替代低毒矿物油而发展的合成钻井液；可增加钻井液润滑能力及减少卡钻的乙二醇钻井液；全油基钻井液、碳酸钾钻井液、正电胶钻井液等。

（四）采油过程中的保护油气层技术

采油过程中，主要考虑各种入井液及工艺措施的优选。射孔液优选主要围绕稳定黏土、防止固相侵入、降低滤失和表面张力及酸溶解堵等多方面进行研究。常用的射孔液有无固相清洁盐水、无固相聚合物盐水、暂堵性聚合物射孔液、阳离子有机聚合物射孔液及低浓度酸液等。完井方法则大力提倡负压射孔、油管输送式射孔及射孔测试联作技术。修井作业中，国外试验成功了许多解除油气层伤害的新方法：采取负压返冲选泡眼、负压脉冲工艺、降压酸化排酸管柱以及超声波除垢防垢、解堵；用多元酶体系解除聚合物伤害；用可聚合的超薄薄膜控制微粒运移；用细菌处理解决结蜡问题等。压裂过程中，采用高能气体压裂、水力化学压裂和深度水力压裂，创造出长通道、宽裂缝，达到保护油气层、增加产量的目的。

（五）稠油油藏的保护油气层技术

稠油热采过程中的保护油气层问题从 20 世纪 90 年代开始得到人们更多的关注。目前主要是利用实验室岩心试验和各种模拟试验，研究稠油热采过程中温度对油气层伤害的影响以及伤害机理、伤害特征等。研究表明，矿物溶解、矿物转变、润湿性转变和乳化物形成是稠油热采过程中最主要的伤害原因，并提出了温敏这一新概念。如在一定温度下，高岭石和石英反应生成水敏性黏土矿物——蒙脱石，当溶解的矿物向油藏深处运移时，随温度下降可在油层沉淀，形成结垢。温度的变化还会使许多因素发生变化，主要有：（1）渗透率随温度的变化；（2）微粒释放和捕获速率常数的变化，研究表明，微粒释放速率随温度增加而增加；（3）颗粒的界面转换，温度的增加加速了水湿颗粒的转换；（4）矿物溶解和沉淀速度常数随温度而变化；（5）颗粒和孔壁表面的润湿性变化。模拟研究表明，颗粒为中性润湿时，油气层伤害最为严重。热采过程中，当热流体注入油藏驱替原油时，由于热分散作用，逐渐变热的流体将和地层微粒接触，润湿性发生转变。当经过中间润湿状态时，颗粒往往集中于界面，油气层伤害最为严重。因此，油藏内地温梯度前缘的推进会形成严重伤害带。热采过程中，地层伤害防护措施有以下六种：

（1）蒸汽开采时，注入蒸汽的 pH 值控制在 8～9，温度控制在 150～200℃ 为最佳条件。此时黏土膨胀率最低，矿物溶解量最小。

（2）注蒸汽之前，需要对凝析液与地层水的配伍性进行研究，另外必须对锅炉给水进行预处理。

（3）向锅炉给水适当添加一些流动水源（井水、湖水、循环水等），有助于控制油藏中矿物的反应。

（4）采用合理的防砂技术。因为大多数稠油油藏都是松散砂岩，所以稠油防砂技术显得尤为重要。

（5）可将高干度蒸汽注入地层，使其部分焦化和就地固结砂层，又不致引起油气层渗透率的过分降低。

（6）实施热采之前，必须进行模拟试验及岩心驱替试验，以帮助确定最佳注入浓度、最佳 pH 值和离子强度等。

（六）低渗透油藏的保护油气层技术

低渗透油藏具有油气层物性差、敏感性强等特点。其保护油气层技术除了优化钻井液与完井液以外，主要应用负压钻井技术降低过平衡压力钻井时钻井液对油气层的各种伤害，以及屏蔽暂堵技术和新型地层处理技术。新型地层处理技术主要有高砂比压裂、高能气体压裂、深度水力压裂、复合压裂和干式压裂等。

深度水力压裂是强化开发低渗透油藏最具前景的工艺措施,目前在美国、加拿大广泛采用,效果很好。干式压裂是国外采用的不伤害地层的新技术。这种技术关键是采用二氧化碳混砂机将支撑剂混入液态二氧化碳流,不需要任何传统的携砂液携砂,因而不会有伤害性流体进入油气层,对水敏性地层几乎不会造成可能的伤害 。美国对这项技术进行了对比试验,结果表明,用二氧化碳加砂处理,单井产量是用氮气处理井的两倍、是用泡沫处理井的四倍,增产效果相当明显。砂岩酸是美国近年开发的一种新型酸液,主要用于砂岩油气层酸化作业。它采用膦酸络合物取代盐酸水解氟化盐,这种络合物有五个氢离子,会在不同条件下分解成 HV 酸,这种酸与氢氟化铵混合后便生成膦铵盐和氢氟酸,即砂岩酸。其特点是:反应速度慢,黏土溶解度小,石英溶解能力强,不利影响小,腐蚀性低,安全性高,适于各种渗透性地层改造。目前,砂岩酸在国外已大量投入使用,并取得了较好的增产效果。我国低渗油气藏大多是砂岩油气藏,所以砂岩酸的应用有着广阔的前景。

(七)水平井开发保护油气层技术

水平井油气层伤害机理主要包括:(1)固相颗粒侵入引起的油层堵塞;(2)侵入液相与岩相不配伍;(3)侵入液相与地层流体不配伍;(4)侵入液相进入油层后,改变了近井地带油水分布,导致油相渗透率下降(对低渗透油藏尤其明显),增加了油流阻力。影响水平井伤害的因素包括:(1)浸泡时间;(2)环空返速;(3)钻井液及完井液性能;(4)压差。其中压差是最主要的影响因素。

从 20 世纪 90 年代开始,水平井保护油气层技术越来越受到人们的重视,近几年发展更为迅速。根据水平井钻井、完井液设计的特殊要求,分别从钻井液体系、参数选择及钻井技术、完井、增产措施和注采等方面研究水平井保护油气层技术问题。世界范围内的水平井钻井液中,水基钻井液占73%,油基钻井液占23%,气体类钻井液占4%。水平井钻井液、完井液的发展趋势是发展水基暂堵型体系。欠平衡压力钻井技术在水平井中应用逐年增加,与常规钻井方法相比,欠平衡钻井技术可使水平井产油量提高十倍。目前来看,采用欠平衡压力钻井技术和正电胶钻井液、生物聚合物钻井液、合成基钻井液进行水平井作业,是国际上流行的也是最有效的方法。

复习思考题

1.如何理解保护油气层技术的概念?
2.国外保护油气层技术发展分为哪几个阶段?
3.油气层伤害机理包括哪些方面?
4.保护油气层技术的特点是什么?
5.稠油油藏保护油气层技术为什么要关注温敏效应?
6.低渗透油藏如何从钻井和采油的角度进行保护?

第二章
油气层伤害的室内评价

第一节　室内评价概述

油气层伤害的室内评价是借助于各种仪器设备测定油气层岩石与外来工作液作用前后渗透率的变化,或者测定油气层物理化学环境发生变化前后渗透率的改变,来认识和评价油气层伤害的一种重要手段。岩心分析是油气层敏感性室内评价和入井液对油气层伤害程度及伤害机理分析的前提,其目的是弄清油气层潜在的伤害因素和伤害程度,并为伤害机理分析提供依据,或者在施工之前比较准确地评价工作液对油气层的伤害,这对于优化后续的各类作业措施并较准确地评价工作液对油气层的伤害和设计保护油气层系统工程技术方案具有非常重要的意义。所以,岩心分析是保护油气层技术系列中不可缺少的重要组成部分,也是保护油气层技术这一系列工程的起始点。

一、岩心分析的概念

岩心分析是指利用各种仪器设备来观测和分析岩心一切特性的系列技术。由于岩石是矿物的集合体,岩心分析除对矿物进行组分鉴定外,还可以进行矿物形态、大小、相互排列关系以及孔隙类型、形态、大小、面孔率、孔喉配位关系等方面的分析研究。总之,岩心分析就是对岩石的组成及结构进行分析。

二、岩心分析的目的与意义

（一）岩心分析的目的

(1)全面认识油气层的岩石物理性质及岩石中敏感性矿物的类型、产状、含量及分布特点;

(2)确定油气层潜在伤害类型、程度及原因;

(3)为各项作业中保护油气层工程方案设计提供依据和建议。

（二）岩心分析的意义

保护油气层技术的研究与实践表明,油气层地质研究是保护油气技术的基础工作,而岩心分析在油气地质研究中具有重要作用。

油气层地质研究的目的是,准确地认识油气层的初始状态及钻开油气层后油气层对环境变化的响应,即油气层潜在伤害类型及程度。其内容包括六个方面:

(1)矿物性质,特别是敏感性矿物的类型、产状和含量;

（2）渗流多孔介质的性质，如孔隙度、渗透率、裂隙发育程度、孔隙及喉道的大小、形态、分布和连通性；

（3）岩石表面性质，如比表面、润湿性等；

（4）地层流体性质，包括油、气、水的组成，高压物性、析蜡点、凝点、原油酸值等；

（5）油气层所处环境，包括内部环境和外部环境；

（6）矿物、渗流介质、地层流体对环境变化的敏感性及可能的伤害趋势和后果。

其中，矿物性质及渗流多孔介质的特性主要是通过岩心分析获得，从而体现了岩心分析在油气地质研究中的核心作用。图 2-1 说明了六项内容之间的相互联系，最终应指明潜在油气层伤害因素、预测敏感性，并有针对性地提出施工建议。

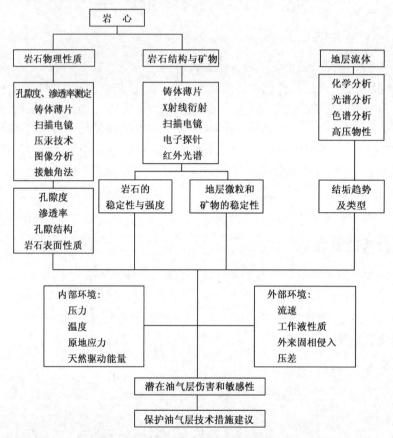

图 2-1　保护油气技术中油气层地质研究的内容及岩心分析的作用

岩心分析工作可以分为三个阶段：（1）岩心和孔隙类型，流体和流动性能表征；（2）岩石物理模型的建立；（3）用不同方法检验油气层描述。

还应指出，室内敏感性评价和工作液筛选使用的岩心数量有限，不可能全部考虑油气层物性及敏感性矿物所表现出来的各种复杂情况，岩心分析则能够确定某一块实验岩样在整个油气层中的代表性，进而可通过为数不多的实验结果，建立油气层敏感性的整体轮廓，指导保护油气层工作液的研制和优选。

三、室内评价的目的和意义

通过室内创造接近油气层条件的油气层岩样流动试验，可以研究油气层潜在伤害、确定避免油气层伤害的方法以及伤害的补救措施。现场计划实施的方案首先要在室内受控条件下进行模拟,以测量控制条件下的岩心响应。在变量变化范围内进行的岩心试验会得出有价值的数据,以深化岩心对流体条件的反应及流体对岩心性质转化的影响的认识。这些数据可用来对导致油气层伤害的过程进行模型辅助分析。这一手段将为判定各种机理在油气层伤害中所起的作用提供重要信息,有助于确定相应伤害作用的各种参数值。这些参数值可用来模拟油气田规模的油气层伤害过程,为快速评价和筛选各种替代方案,以及对现场应用的优化提供有价值的手段,以避免油气层伤害或使伤害降低到最低程度。

油气层伤害的室内评价是借助于各种仪器设备测定油气层岩石与外来工作液作用前后渗透率的变化,或者测定油气层物化环境发生变化前后渗透率的改变,来认识和评价油气层伤害的一种重要手段。它是油气层岩心分析的一部分,其目的是弄清油气层潜在的伤害因素和伤害程度,并为伤害机理分析提供依据。或者在施工之前比较准确地评价工作液对油气层的伤害,这对于优化后继的各类作业措施和设计保护油气层系统工程技术方案,具有非常重要的意义。油气层伤害的室内评价主要包括两个方面内容:(1)油气层敏感性评价;(2)工作液对油气层的伤害评价。油气层伤害的室内评价实验流程框图如图2-2所示。

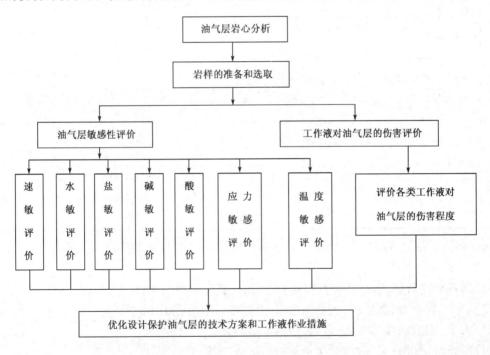

图2-2　油气层伤害的室内评价实验流程框图

第二节　岩 心 分 析

一、岩心分析的内容

岩心分析是获取地下岩石信息的重要手段,表2-1给出了岩心分析揭示的内容及所用的方法。应用中要根据具体的油气层特点进行选择分析,做到既能抓住主要矛盾、解决实际问题,又要经济实用,注意发挥不同技术的优点,配套实施。

表 2－1　岩心分析揭示的内容及所用的方法

内　容				方　法
岩石物理性质	常规物性	孔隙度	常规条件　总孔隙度、连通孔隙度	气测法、煤矿油饱和法孔隙度仪
			模拟围压　总孔隙度	CMS－300 全自动岩心分析仪
		渗透率	空气渗透率、煤油渗透率、地层水渗透率;水平渗透率、垂直渗透率、径向渗透率、全直径岩心渗透率;模拟围压渗透率	渗透率仪、CMS－300 全自动岩心分析仪
		比表面		压汞或等温吸附法
		相渗透率	气—水、油—气、气—油—水	稳态法、不稳态法
		润湿性	油湿、水湿、中间润湿	接触角测量、阿莫特(自吸入)法、离心机法毛管压力曲线测定
	孔隙结构	孔隙—喉道	类型、大小、形态、连通性、分布	铸体薄片、图像分析、扫描电镜、CT 扫描、核磁共振
		孔喉	大小、分布	压汞法、离心机法毛管压力曲线测定
岩石结构与矿物	骨架颗粒	石英、长石、岩屑、云母	粒度大小、分布	筛析法、薄片粒度图像分析
			接触关系、成分、含量、成岩变化	铸体薄片、阴极发光、X 射线衍射、红外光谱
	填隙物	黏土矿物	产状	铸体薄片、扫描电镜
			类型、成分、含量	铸体薄片、X 射线衍射、红外光谱、沉降分离法、电子探针或能谱
		非黏土矿物	产状	岩石薄片、扫描电镜
			类型、成分、含量	薄片染色、X 射线衍射、红外光谱、碳酸盐含量测定

油气层特征是油气层伤害、解释实验室和现场结果的最基本的信息。代表油气层信息的岩心一般可以从以下四个方面来进行确定:

(1)微观尺度数据,包括孔隙及颗粒大小分布、孔喉半径及岩性。

(2)宏观(岩心)尺度数据,包括渗透率、孔隙度、饱和度和润湿性。

(3)大型(模拟软件网格块)数据,包括电缆测井、地震数据等。

(4)巨型(油气层)尺度数据,包括不稳定试井、地质模型等。

二、取样要求

岩心分析的样品可以来自全尺寸成形的岩心,也可以是井壁取心或钻屑。经验表明,钻屑的代表性很差,故通常使用成形岩心,而且多个实验项目可以进行配套分析,便于找出岩石各种参数之间的内在联系。

岩石结构与矿物分析、孔隙结构的测定要在了解油气层岩性、物性、含油气性、电性的基础上,有重点地进行选样分析。

铸体薄片的样品应能包括油气层剖面上所有岩石性质的极端情况,如粒度、颜色、胶结程度、结核、裂缝、针孔、含油级别等,样品间距 1~5 块/m,必要时加密。X 射线衍射(XRD)和扫描电镜(SEM)分析样品密度大约为铸体薄片的1/3~1/2,对油气层要加密,水层及夹层进行控制性分析。压汞分析的岩样,对于一个油组(或厚油层),每个渗透率级别至少有3~5条毛管压力曲线,最后可根据物性分布求取该油组的平均毛管压力曲线。

如图2-3所示,最好在同一段岩心上取足配套分析的柱塞。铸体薄片、扫描电镜、压汞分析需在同一柱塞上进行,这有利于建立孔隙分布与孔喉分布参数间的关系,以及孔隙结构与岩性、物性、黏土矿物之间的联系。X射线衍射可以用碎样,但应清除被钻井液污染的部分,否则会干扰实验结果。电子探针分析可用其他柱塞端部,这样在所有分析项目完成后,就能指出潜在的伤害类型及原因,预测不同渗透率级别(油气层类型)的油气层的敏感程度,正确解释敏感性评价实验结果。

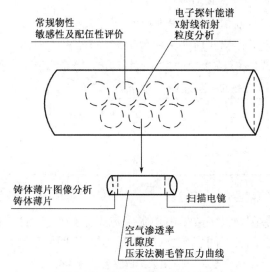

图2-3 岩心分析取样示意图

三、岩心分析的应用

(一)X射线衍射

1.X射线衍射分析技术

全岩矿物组分和黏土矿物可用X射线衍射迅速而准确地测定。X射线衍射分析借助于X射线衍射仪来实现(彩图2-1)。

由于黏土矿物的含量较低,砂岩中一般3%~15%。这时,X射线衍射全岩分析不能准确地反映黏土的组成与相对含量,需要把黏土矿物与其他组分分离,分别加以分析。首先将岩样抽提干净,然后碎样,用蒸馏水浸泡,最好湿式研磨,并用超声波振荡加速黏土从颗粒上脱落,提取粒径小于2μm(泥岩、页岩)或小于5μm(砂岩)的部分,沉降分离、烘干、计算其占岩样的质量分数。

彩图2-1 X射线衍射仪

2.X射线衍射在保护油气层中的应用

1)地层微粒分析

地层微粒指粒径小于37μm(或44μm),即能通过400目(或325目)筛的细粒物质,它是砂岩中重要的伤害因素,砂岩中与矿物有关的地层伤害都与其有密切的联系。地层微粒的分析能为矿物微粒稳定剂的筛选、解堵措施的优化提供依据。除黏土矿物外,常见的其他地层微粒有长石、石英、云母、菱铁矿、方解石、白云石、石膏等。

2)全岩分析

对粒径大于 $5\mu m$ 的非黏土矿物部分进行 X 射线衍射分析,可以知道诸如云母、碳酸盐矿物、黄铁矿、长石的相对含量,对酸敏性研究和酸化设计有帮助。长石含量高的砂岩,当酸液浓度和处理规模过大时,会削弱岩石结构的完整性,并且存在着酸化后的二次沉淀问题,可能导致土酸酸化失败。

3)黏土矿物类型鉴定和含量计算

利用黏土矿物特征峰的 d_{001} 值[(001)晶面峰值]鉴定黏土矿物类型,表 2-2 列出了各族主要黏土矿物的 d_{001} 值。根据出现的矿物对应衍射峰的强度(峰面积或峰高度),依据 SY/T 5163—2010《沉积岩中黏土矿物和常见非黏土矿物 X 射线衍射分析方法》求出黏土矿物相对含量。

表 2-2 各族主要黏土矿物的 d_{001} $(10^{-1} nm)$ X 射线衍射特征

矿 物	d_{001}	矿 物	d_{001}
蒙脱石	12~15	伊利石	10.0
绿泥石	14.2	高岭石	7.15
蛭石	14.2		

4)间层矿物鉴定和间层比计算

油气层中常见的间层矿物大多数是由膨胀层与非膨胀层单元相间构成。表 2-3 列出了间层矿物的类型,伊利石/蒙脱石间层矿物、绿泥石/蒙脱石间层矿物较常见。

表 2-3 主要间层黏土矿物类型

非膨胀 组分 有序度	云母		绿泥石		高岭石
	二八面体	三八面体	二八面体	三八面体	
近程有序	钠板石(累托石) (云母/蒙脱石) 云母/蛭石	水黑云母 (云母/蛭石)	苏托石 (羟硅铝石) 绿泥石/蒙脱石	柯绿泥石 (绿泥石/蛭石) 绿泥石/蒙脱石	—
长程有序	伊利石/蒙脱石	云母/蛭石	—	—	—
无序	伊利石/蒙脱石	云母/蛭石 (云母/蒙脱石)	绿泥石/蒙脱石 (绿泥石/蛭石)	绿泥石/蒙脱石 (绿泥石/蛭石)	高岭石/蒙脱石

间层比指膨胀性单元层在间层矿物中所占比例,通常以蒙脱石层的百分含量表示。由衍射峰的特征,依据行业标准 SY/T 5163—2010《沉积岩中黏土矿物和常见非黏土矿物 X 衍射分析方法》求出间层矿物间层比及间层类型(绿泥石/蒙脱石间层矿物间层比的标准化计算方法待定)。对间层矿物的间层类型、间层比和有高序度的研究有助于揭示油气层中黏土矿物水化、膨胀、分散的特性。应该指出,X 射线衍射分析不能给出敏感性矿物产状,所以必须与薄片、扫描电镜技术配套使用,才能全面揭示敏感性矿物的特征。

5)无机垢分析

X 射线衍射分析技术鉴定矿物的能力在油气层伤害研究中还有广泛的应用。油气井见水后,可能会有无机盐类沉积在射孔孔眼和油管中,利用 X 射线衍射分析技术就可以识别矿物的类型,为预防和解除垢沉积提供依据。如大庆油田聚合物驱采油中,生产井油管中无机垢沉积,经 X 射线衍射鉴定存在 $BaSO_4$。

此外,X 射线衍射分析还用于注入和产出流体中的固相分析,明确矿物成分和相对含量,对于研究解堵措施很有帮助。

(二)扫描电镜

1.扫描电镜分析技术

扫描电镜(SEM)分析能提供孔隙内充填物的矿物类型、产状的直观资料,同时也是研究孔隙结构的重要手段。扫描电镜利用类似电视摄影显像的方式,用细聚焦电子束在样品表面上逐点进行扫描,激发产生能够反映样品表面特征的信息来调制成像。有些扫描电镜配有 X 射线能谱分析仪,因此能进行微区元素分析。扫描电镜如彩图 2 - 2 所示。

彩图2-2 扫描电镜

扫描电镜分析具有制样简单、分析快速的特点。分析前要将岩样抽提清洗干净,样品直径一般不超过 1cm。

2.扫描电镜在保护油气层中的应用

1)油气层中地层微粒的观察

扫描电镜分析能给出孔隙系统中微粒的类型、大小、含量、共生关系的资料。越靠近孔喉中央的微粒,在外来流体和地层流体作用下越容易失稳。测定微粒的大小分布及在孔喉中的位置,能有效地估计临界流速和速敏程度,便于有针对性地采取措施防止或解除因分散、运移造成的伤害。

2)黏土矿物的观测

黏土矿物有其特殊的形态(表 2 -4),借此可确定黏土矿物的类型、产状和含量。如孔喉桥接状、分散质点状黏土矿物易与流体作用。对于间层矿物,通过形态可以大致估计间层比范围。

表 2 - 4　主要黏土矿物及其在扫描电镜下的特征

构造类型	族	矿物	化学式	d_{001} 10^{-1} nm	单体形态	集合体形态
1:1	高岭石	高岭石 地开石	$Al_4(Si_4O_{10})(OH)_8$	7.1 ~ 7.2,3.58	假六方板状 鳞片状 板条状	书页状 蠕虫状 手风琴状 塔晶
	埃洛石	埃洛石	$Al_4(Si_4O_{10})(OH)_8$	10.05	针管状	细微棒状 巢状
2:1	蒙皂石	蒙脱石 皂石	$R_x(AlMg)_2(Si_4O_{10})$ $(OH)_24H_2O$	Na 蒙脱石 12.99, Ca 蒙脱石 15.50	弯片状 皱皮鳞片状	蜂窝状 絮团状
	水云母	伊利石 海绿石 蛭石	$KAl[(AlSi_3)O_{10}]$ $(OH)_2·mH_2O$	10	鳞片状 碎片状 毛发状	蜂窝状 丝缕状
2:1:1	绿泥石	各种绿泥石	$FeMgAl$ 的层状硅酸盐,同形置换普遍	14,7.14, 4.72,3.55	薄片状 鳞片状 针叶片状	玫瑰花状 绒球状 叠片状
2:1 层链状	海泡石	山软木	$Mg_2Al_2(Si_8O_{20})$ $(OH)_2(OH_2)_4·$ $m(H_2O)_4$	10.40,3.14,2.59	棕丝状	丝状 纤维状

3）油气层孔喉的观测

扫描电镜立体感强，更适于观察孔喉的形态、大小及与孔隙的连通关系。对孔喉表面的粗糙度、弯曲度、孔喉尺寸的观测能揭示微粒捕集、拦截的位置及难易程度，对研究微粒运移和外来固相侵入很有意义。

4）含铁矿物的检测

当扫描电镜配有 X 射线能谱仪时，能对矿物提供半定量的元素分析，常用于检测铁元素，如碳酸盐矿物、不同产状绿泥石的含铁量，因为在盐酸酸化时少量的铁很容易形成二次沉淀，造成油气层的伤害。

5）油气层伤害的监测

利用背散射电子图像，岩心可以不必镀金和镀碳就能测定，在敏感性（或工作液伤害）评价实验前后都可以进行直观分析。对于无机和有机垢的晶体形态、排布关系的观察，还可以为抑垢除垢、筛选处理剂、优化工艺措施提供依据。

（三）薄片分析技术

1. 薄片分析技术概述

薄片分析技术是保护油气层的岩相学分析三大常规技术之一，也是最基础的一项分析技术。应用光学显微镜观察薄片，由铸体薄片获得的资料比较可靠。制作铸体薄片的样品最好是成形岩心，不推荐使用钻屑。薄片厚度为 0.03mm，面积不小于 15mm × 15mm，要求具有良好的导电性，观测面光洁新鲜。未取心的情况除外，建议少用或不用钻屑薄片，因为岩石总是趋于沿弱连接处破裂，胶结致密的岩块则能保持较大的尺寸，这样会对孔隙发育及胶结状况得出错误的认识。该技术只能用于形态观测，不能确定矿物含量和化学成分。薄片分析过程如动画 2-1 所示。

动画2-1 薄片分析过程

2. 薄片分析技术在保护油气层中的应用

1）岩石的结构与构造的分析

薄片粒度分析给出的粒度分布参数可供设计防砂方案时参考，当然应以筛析法和激光粒度分析获得的数据为主要依据。研究颗粒间接触关系、胶结类型及胶结物的结构可以估计岩石的强度，预测出砂趋势。对砂岩中泥质纹层、生物搅动对原生层理的破坏也可观察，当用土酸酸化时，这些黏土的溶解会使岩石结构稳定性降低，诱发出砂。

2）骨架颗粒的成分及成岩作用的获得

沉积作用、压实作用、胶结作用和溶解作用强烈地影响着油气层的储集性及敏感性。了解成岩变化及自生矿物的晶出顺序对测井解释、敏感性预测、钻井液和完井液设计、增产措施选择、注水水质控制十分有利。

3）孔隙特征的分析

薄片分析获得孔隙成因、大小、形态、分布资料，用于计算面孔率及微孔隙率。研究地层微粒及敏感性矿物在孔隙和喉道中的位置及与孔喉的尺寸匹配关系，可以判断油气层伤害原因，并用于综合分析潜在的油气层伤害，提出防治措施。例如，低渗—致密油气层使用高分子有机阳离子聚合物黏土稳定剂时,虽可有效地稳定黏土,但由于孔喉细小,处理剂分子尺寸较大,它同时又伤害了油气层。

4)不同产状黏土矿物含量的估计

XRD 和红外光谱均不能给出黏土矿物的产状及成因,薄片分析则可说明同一种类型黏土矿物的几种产状(成因)的相对比例。这一点很重要,因为只有位于孔隙流动系统中的黏土矿物才对外来工作液性质最敏感。此外,薄片分析还用于黏土总量的校正,如泥质岩屑的存在可能引起黏土总量的升高,研究中应注意区分。沉降法分离出的黏土受粒径限制,难以反映出较大粒径变化范围(5～20μm)时黏土的真实组成。

5)荧光薄片应用

荧光薄片提供油存在的有效储集和渗流空间的性质,如孔隙形状、大小、连通性及裂缝隙发育程度,为更好地了解油气层伤害创造了条件。如彩图2-3中的岩屑溶蚀残余物呈星点状分布。

彩图2-3 岩屑溶蚀残余物呈星点状分布

(四)压汞法测定岩石毛管压力曲线

由毛管压力曲线可以获得描述孔喉分布及大小的系列特征参数,确定各孔喉区间对渗透率的贡献。

1. 基本原理

压汞法由于其仪器装置固定、测定快速准确,并且压力可以较高,便于更微小的孔隙测量,因而它是目前国内外测定岩石毛管压力曲线的主要手段。根据进入汞的孔隙体积百分数和对应压力就可得到毛管压力曲线(图2-4)。压汞仪如彩图2-4所示。压力和孔喉半径的关系为:

$$p_c = \frac{0.735}{r} \quad \text{或} \quad r = \frac{0.735}{p_c}$$

式中　　p_c——毛管压力,MPa;

　　　　r——毛管半径,μm。

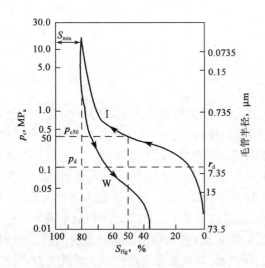

图2-4　毛管压力曲线
I—注入曲线;W—退出曲线

彩图2-4　压汞仪

压汞试验所用岩样一般为直径2.5cm、长2.5cm左右的柱塞,测定前将油清洗干净,测定岩石总体积、氦气法孔隙度、岩石密度和渗透率。

2. 毛管压力曲线在保护油气层中的应用

1) 储集岩的分类评价

储集岩分类是评价油气层伤害的前提,同一伤害因素在不同类型的储集岩中的表现存在差异。根据毛管压力的曲线特征参数,用统计法求特征值,结合岩石孔隙度、渗透率、孔隙类型、岩性等可以对储集岩进行综合分类。

2) 油气层伤害机理分析

油气层微粒的粒度分析、微粒在孔隙中的空间分布及与孔喉大小的匹配关系是分析油气层伤害的关键。例如相同间层比的伊利石/蒙脱石间层矿物,对细孔喉型油层的水敏伤害比中、粗孔喉型油气层严重。

3) 钻井完井液设计

屏蔽暂堵型钻井完井液技术中架桥粒子的选择,就是依据由压汞曲线获得的孔喉分布。通过对一个油组或油气层不同物性级别岩样的毛管压力曲线测定,构制平均毛管压力曲线。架桥粒子即根据平均毛管压力曲线,考虑到出现的最大孔喉半径,按2/3架桥原理设计的。暂堵型酸化、压裂过程中,暂堵剂粒度的筛选也要参考孔喉分布数据。

4) 入井流体悬浮固相控制

压井液、洗井液、射孔液、修井液、注入水和压裂液等都涉及固相颗粒的含量和粒径大小控制问题,而控制标准则视油气层储渗质量、孔喉参数而定。研究表明,当颗粒直径大于平均孔喉直径的1/3时形成外泥饼,1/3~1/10时会侵入孔喉形成内泥饼,小于1/10时颗粒能自由移动。

5) 评价和筛选工作液

油气层伤害的实质是岩石孔隙结构的改变,通过测定岩石与工作液作用前后的岩样毛管压力曲线就能对配伍性有明确的认识。应用高速离心机法可以快速测定毛管压力曲线和储集岩润湿性及润湿性变化,了解工作液作用前后储集岩孔喉分布参数和润湿性变化。

（五）岩心分析技术应用展望

尽管用于分析岩心的许多技术早已存在,但石油地质家及石油工程师从未像今天这样共同关心并应和岩心分析技术来深入揭示油气层的微观特性。一些传统技术因使用目的转变,而被赋予新的含义。如铸体薄片技术,从最初便于观察孔隙出发,如今则主要利用其保护黏土矿物不致在制片过程中发生脱落。XRD技术对黏土矿物的研究与认识起到了巨大的推动作用,1985年以前,国内尚无大家接受的黏土矿物含量计算公式,今天从黏土分离提取、数据处理,乃至间层比的计算都已形成石油行业标准,可以说发生了质的飞跃。扫描电镜等一些先进的分析技术,目前的应用与其所能揭示的大量信息相比,技术潜力还有待充分开发。同时,一些新技术正在不断涌现,及时地引入到石油工程领域,解决工程问题已成为地质家及石油工程师的共同使用。表2-5将几种常用技术做一归纳,表明在研究中需要将这些技术组合应用,方能获得岩石性质的全貌。

表 2-5　几种主要岩心分析技术的特点及应用

项目＼内容	主要用途及特点	局限性
X 射线衍射	1. 压片法分析迅速、简便； 2. 能进行全岩分析； 3. 鉴定黏土矿物类型、间层作用、多型、结晶度； 4. 黏土混合物的定量或半定量分析	1. 微量组分不易鉴定出，全岩分析时应加注意； 2. 只能提供少量的有关各组分的分布方面的信息，不能给出产状； 3. 对无序物质产状、部分类型同象替代的反映不灵敏
扫描电镜	1. 耗样少，制样简单，不破坏原样； 2. 观察视场大，立体感强； 3. 对孔隙类型、形态、大小、连通关系进行观测； 4. 给出黏土矿物形态、产状及分布不均匀性方面的信息	1. 不能给出准确的化学成分； 2. 对黏土矿物相对含量只能给出大概的比例； 3. 对多型、间层作用不易识别； 4. 仅根据形态有时会错误判断矿物类型
铸体薄片	1. 特别适于孔隙结构的研究，如面孔率、孔隙形态大小、连通性； 2. 可以观察岩石类型、结构、显微构造； 3. 通过矿物染色，能给出碳酸盐矿物含铁量的信息； 4. 研究矿物的成因、晶出顺序	1. 对微孔隙无能为力； 2. 对黏土矿物微结构研究提供很少的资料； 3. 对黏土矿物多型、间层分析几乎无作用
电子探针	1. 直接在岩石薄片上对其分析，不用分离和提纯； 2. 分析范围由 B^5 和 U^{92}，灵敏度高，以氧化物形式给出定位矿物的化学成分； 3. 微区范围可达 $1\mu m$，与电镜联合可以给出不同产状、形态矿物的化学成分	1. 对微量元素分析精度低； 2. 分析费用较高，限制了进行大量样品分析，一般仅用于关键、疑难矿物的鉴定、分析
压汞毛管压力曲线测定	1. 可以用柱塞，也可以用不规则岩样； 2. 与薄片比较，能提供较大体积岩样的孔喉分布状况； 3. 结合铸体薄片孔隙图像分析，能求出一组描述孔隙结构的特征参数	1. 不能直接给出矿物学方面的信息； 2. 根据微孔隙量可以推测大致的黏土含量，很少的成岩作用信息
红外光谱	1. 制样简单，分析快速； 2. 能进行全岩分析； 3. 对非晶质矿物、黏土矿物的成分、结构反应灵敏； 4. 对膨胀性矿物，可获得内部构造中吸附成分、交换性离子、自由水分子和配伍水分子以及氧化硅表面的相互作用方面的信息； 5. 对黏土混合物进行定量、半定量分析	1. 不能鉴定微量组分，最低检测极限同 X 射线衍射，即 5%～10%； 2. 不能给出各组分的产状及分布； 3. 不能用于鉴定间层黏土矿物、区分各种类型的有序度

新技术的应用主要表现在以下几个方面。

1. 傅里叶变换红外光谱分析

采用傅里叶变换红外光谱仪，测定矿物的基团、官能矿物的基团、官能团来识别和量化常见矿物，分析迅速，精度与 X 射线衍射相似，能定量分析的矿物有石英、斜长石、钾长石、方解石、白云石、菱铁矿、黄铁矿、硬石膏、重晶石、绿泥石、高岭石、伊利石和蒙脱石总和，以及黏土总量,对非晶质物、间层黏土矿物的构造特性分析有独到之处,国外已将其用于井场岩石矿物剖面分析图的快速建立,国内也逐渐成为分析敏感性矿物,尤其是油气层黏土矿物的有力手段,但由于其对鉴定间层黏土矿物的局限性,要完全代替 XRD 是不可能的。

2. CT 扫描技术

将医学上应用的 CT 扫描技术引入到岩心分析中,主要原理是用 X 射线照射岩心,得到岩心断面上岩石颗粒密度的信息,经计算机处理转换成岩心剖面图,它可以在不改变岩石形态及内部结构的条件下观察岩石的裂缝和孔隙分布。当固相物侵入岩心时,能够对固相侵入深度及其在孔喉中的状态进行监测,也可以观察岩样与工作液作用后的孔隙空间变化。目前这项技术主要用于高渗透疏松砂岩和裂缝型油气层的伤害研究中,如出砂机理、稠油蚯蚓孔道的形成、侵入裂缝的固相分布、岩心内泥饼的分布形态等。

3. 核磁共振成像技术

核磁共振成像技术简称 NMRI,它能够观测孔隙或裂缝中流体分布与流动情况,因此对于流体与流体之间、流体与岩石之间的相互作用,以及润湿性和润湿反转问题的研究有特殊意义,是研究油气伤害的最新手段之一。NMRI 测井技术发展很快,主要用于剩余油的分布探测,已成为提高采收率的重要评价技术。

4. 扫描电镜技术

扫描电镜技术在制样和配件方面发展较快,在扫描电镜上配置能谱仪(EDS)可以对矿物提供半定量元素分析,对敏感性矿物的识别及伤害机理研究有很大的帮助。背散射仪的应用免除镀膜对黏土形貌的改变,更宜于试验前后的样品观察。此外,临界点冷冻干燥法能够揭示黏土矿物在油气层条件下的真实形态。扫描电镜与图像分析仪使用,研究黏土矿物微结构并预测微结构的稳定性,是油井完井技术中心近年来将土壤科学和工程地质理论引入到石油工程中的最新进展。

5. 非晶态矿物和纳米矿物学研究

油气层中非晶态矿物有蛋白石、水铝英石、伊毛缟石、硅铁石等,还有比黏土矿物微粒更小的纳米级矿物。它们或单独产出,或存在于黏土矿物晶体之间,起到连接微结构的作用,比表面更大,性质更活跃。研究方法主要有化学分析、电子探针、原子力显微镜等。油井完井技术中心对吐哈盆地丘陵三间房组砂岩高岭石进行电子探针分析,指出高岭石化学组成很少符合理论组成,SiO_2、Al_2O_3 经常过量,这种硅、铝部分以非晶态存在,它们易于溶解并促使高岭石微结构失稳。

6. 环境扫描电镜的应用

一般扫描电镜要求在真空条件下进行实验,而环境扫描电镜则可以在气体、液体介质环境下分析样品。国外已开始利用此项技术研究膨胀性黏土矿物与工作液作用的机理,分析黏土矿物间层比和遇水膨胀的关系、水化膨胀和脱水过程的差异等。因此,环境扫描电镜是伤害机理研究和工作液评价的有力手段。目前,我国已引进了这种仪器。

综上所述,岩心分析技术在认识油气层特征、研究油气层伤害机理及保护油气层工程设计中具有广泛的应用。每种技术都有其优点及局限性,实际工作中要具体问题具体分析,并制订一套切实可行的技术路线。各项技术本身在石油工程中的应用还有很大的潜力尚待开发,同时工程实践中也不断提出许多新问题,需要创造性地应用先进技术来解决。

第三节 室内评价实验

一、实验岩心的选择与制备

为了正确地评价油气层伤害,不能简单地任选岩心来做实验,用于实验的岩心性质必须能代表所要评价的油气层的性质。

(一)岩心的选择要求

(1)所选岩心应具有代表性,即岩心的孔隙结构、矿物成分及含量,以及其他物理化学性质与被评价的油气层一致或基本一致,不能有太大的差异。显然,最能够代表所评价油气层的岩心就是从该油气层取出的岩心。因此,要求用新鲜的油气层岩心来做室内评价试验。但是,并不是从井里取出的岩心都能做评价试验。这是因为大多数油层都存在一定的非均质性,而且并不是每次取出的岩心都刚好在油层部位,这就需要我们在选岩心时要特别注意,选准真正能够代表油气层的岩心。

(2)岩心的对比性,即各种实验的岩心要有较接近的物理化学性能。如果油层均质性好,则岩样需要量相对较少;如果油层非均质性很强,则需要较多的岩心。特别是做敏感性实验的岩心,要与做岩相学分析的岩心一致,它们的取样部位尽量靠近,有的实验(如扫描电镜、薄片分析)所需的样品,最好从做敏感性实验的岩心端部切取。

(二)选取岩心的要点

(1)由电测和取心资料找出油气层段,排除非油气层岩心。

(2)在钻取岩心时,根据经验目测判断,一定要截取渗透率有代表性的含油砂岩。

(3)根据岩心的渗透率 K 和孔隙度 ϕ 作图选取。对已测 K、ϕ 的各个岩样作 K—ϕ 关系图(图2–5),画出回归曲线,选取回归线附近的岩心,这样的岩心具有代表性。

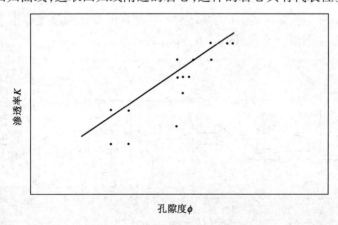

图 2–5 气测渗透率与孔隙度回归曲线

(4)检查岩心的外观形状,选用圆柱状、端面平行、无缺陷的岩心。

（三）岩心的制备

岩心的制备是指从钻取岩心到开始进行实验这一阶段所做的工作，包括取心、切心、清洗、烘干、量尺寸、气测渗透率和孔隙度、抽空饱和等。其基本要求是：

（1）取心、切心时的冷却剂可用煤油、柴油、盐水、空气等，以免岩心中的黏土矿物遭到破坏。同时，钻切岩心要注意岩心外形呈规则的圆柱形。对于疏松岩心可采用冷却取心技术，并将岩心加以包装。

（2）清洗岩心时不要改变其润湿性，对亲油岩心，用四氯化碳和汽油；对亲水岩心用体积比为 1:2、1:3、1:4 的酒精和苯；对中性岩心和含沥青质原油的岩心用甲苯。对于地层水矿化度大于 30000mg/L 的岩心，还需用甲醇洗盐。

（3）对于含黏土的岩心，需要在湿度为 40%～50%、温度为 60～65℃ 的恒温恒湿箱中烘干至恒重（约 12h）。

二、室内评价实验

（一）实验流体

岩心流动实验所用流体有：精制矿物油、煤油、柴油；模拟地层水、标准盐水；各种工作液及其滤液。选用何种流体是根据实验的需要而定，在已知地层水性质时，就应该用配制模拟地层水；只有在无法得到地层水资料时，才可用标准盐水。

标准盐水的配方为：NaCl 70000 mg/L；$CaCl_2$ 6000 mg/L；$MgCl_2$ 4000mg/L。该配方借鉴于美国 Berea 岩心公司，使用时一定要慎重。

（二）实验仪器及流程

岩心流动实验的主要任务是测量在各种伤害条件下岩心渗透率的变化情况，因此，除了在工作液评价中使用的个别特殊仪器外，主要使用一些常规的渗透率测量仪器，其部件包括微量平流泵、氮气瓶、调节阀、中间容器、岩心夹持器、手压泵、压力表、量筒、秒表、各种管线、阀门、接头等。

根据实验要求有两种实验流程：一种称为恒压流程，另一种叫恒流流程。恒压流程采用氮气瓶作为动力源，在实验中保持流动压力不变，而流量则随岩心渗透率改变。恒流流程系用微量平流泵作动力源，保持流量不变，压力则随岩心渗透率的变化而改变。由于大多数实验都要求流量恒定，因而多使用恒流流程（图 2-6，彩图 2-5）。

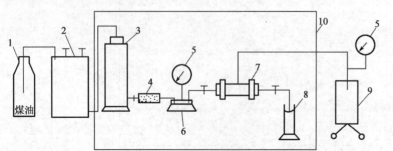

彩图 2-5 岩心流动实验总流程图

图 2-6 岩心流动实验流程

1—盛液瓶；2—恒速泵；3—中间容器；4—过滤器；5—精密压力表；6—多通阀；
7—岩心夹持器；8—经校正过的计量筒；9—加压阀；10—恒温箱

三、常用油气层敏感性评价方法

岩心敏感性评价实验是诊断和认识油气层伤害的重要手段之一,它是评价油气层岩心对几种典型的流体性质如流速、矿化度、酸碱度的敏感性程度,找出油气层发生敏感的条件和由敏感引起的油气层伤害程度,为各类工作液的设计、油气层伤害机理分析和制订系统的油气层保护技术方案提供科学依据。

油气层敏感性评价通常包括速敏、水敏、盐敏、碱敏、酸敏等五敏实验,随着技术的不断发展,增加了应力敏感实验和温度敏感实验。因此,油气层敏感性评价包括速敏、水敏、盐敏、碱敏、酸敏、应力敏感、温度敏感等七敏实验,其目的在于找出油气层发生敏感的条件和由敏感引起的油气层伤害程度,为各类工作液的设计、油气层伤害机理分析和制订系统的油气层保护技术方案提供科学依据。具体室内评价实验的概念、目的、评价指标及现场应用见表2-6。具体内容可参见 SY/T 5358—2010。

表2-6 室内评价实验的概念、目的、评价指标及现场应用

项目	概念	目的	评价指标	现场应用
速敏实验	油气层的速敏性是指在钻井、测试、试油、采油、增产作业、注水等作业或生产过程中,当流体在油气层中流动时,引起油气层中微粒运移并堵塞喉道造成油气层渗透率下降的现象	1. 找出由于流速作用导致微粒运移从而发生伤害的临界流速,以及找出由速度敏感引起的油气层伤害程度; 2. 为以下的水敏、盐敏、碱敏、酸敏四种实验及其他的各种伤害评价实验确定合理的实验流速提供依据; 3. 为确定合理的注采速度提供科学依据	速敏伤害率 D_v $D_v \leq 5\%$,无; $5\% < D_v \leq 30\%$,弱; $30\% < D_v \leq 50\%$,中等偏弱; $50\% < D_v \leq 70\%$,中等偏强; $D_v > 70\%$,强	1. 确定其他几种敏感性实验(水敏,盐敏,酸敏,碱敏)的实验流速; 2. 确定油井不发生速敏伤害的临界流量; 3. 确定注水不发生速敏伤害的临界注入速率,如果临界注入速率太小,不能满足配注要求,应考虑增注措施
水敏实验	当淡水进入地层时,某些黏土矿物就会发生膨胀、分散、运移,从而减小或堵塞地层孔隙和喉道,造成地层渗透率的降低的现象,称为水敏	了解黏土矿物遇淡水后的膨胀、分散、运移过程,找出发生水敏的条件及水敏引起的油气层伤害程度,为各类工作液的设计提供依据	水敏伤害率 D_w $D_w \leq 5\%$,无; $5\% < D_w \leq 30\%$,弱; $30\% < D_w \leq 50\%$,中等偏弱; $50\% < D_w \leq 70\%$,中等偏强; $70\% < D_w \leq 90\%$,强; $D_w > 90\%$,极强	1. 如无水敏,进入地层的工作液的矿化度只要小于地层水矿化度即可,不作严格要求; 2. 如果有水敏,则必须控制工作液的矿化度大于临界矿化度; 3. 如果水敏性较强,在工作液中要考虑使用黏土稳定剂
盐敏实验	地层渗透率随注入流体矿化度降低而下降的现象为盐敏	找出盐敏发生的条件,以及由盐敏引起的油气层伤害程度,为各类工作液的设计提供依据	盐敏伤害率 D_s $D_s \leq 5\%$,无; $5\% < D_s \leq 30\%$,弱; $30\% < D_s \leq 50\%$,中等偏弱; $50\% < D_s \leq 70\%$,中等偏强; $D_s > 70\%$,强	1. 对于进入地层的各类工作液都必须控制其矿化度在两个临界矿化度之间,即 $C_{c1} <$ 工作液矿化度 $< C_{c2}$; 2. 如果是注水开发的油田,当注入水的矿化度比 C_{c1} 要小时,为了避免发生水敏伤害,一定要在注入水中加入合适的黏土稳定剂,或对注水井进行周期性的黏土稳定剂处理

项目	概　念	目　的	评价指标	现场应用
碱敏实验	外来的碱性流体，与油气层中的碱敏矿物反应造成其分散、脱落，或者生成新的硅酸盐沉淀或硅凝胶体，堵塞孔隙喉道，造成渗透率下降的现象，称为碱敏	找出碱敏发生的条件，主要是临界 pH 值，以及由碱敏引起的油气层伤害程度，为各类工作液的设计提供依据	碱敏伤害率 D_{al} $D_{al} \leq 5\%$，无； $5\% < D_{al} \leq 30\%$，弱； $30\% < D_{al} \leq 50\%$，中等偏弱； $50\% < D_{al} \leq 70\%$，中等偏强； $D_{al} > 70\%$，强	1. 对于进入地层的各类工作液都必须控制其 pH 值在临界 pH 值以下； 2. 如果是强碱敏地层，由于无法控制水泥浆的 pH 值在临界 pH 值之下，为了防止油气层伤害，建议采用屏蔽式暂堵技术； 3. 对于存在碱敏性的地层，在今后的三次采油作业中，要避免使用强碱性的驱油流体（如碱水驱油）
酸敏实验	油气层的酸敏性是指油气层与酸作用后引起渗透率降低的现象	研究各种酸液的酸敏程度，其本质是研究酸液与油气层的配伍性，为油气层基质酸化和酸化解堵设计提供依据	酸敏伤害率 D_{ac} $D_{ac} \leq 5\%$，无； $5\% < D_{ac} \leq 30\%$，弱； $30\% < D_{ac} \leq 50\%$，中等偏弱； $50\% < D_{ac} \leq 70\%$，中等偏强； $D_{ac} > 70\%$，强	1. 为基质酸化设计提供科学依据； 2. 为确定合理的解堵方法和增产措施提供依据
应力敏感实验	应力敏感性是在施加一定的有效应力时，岩样的物性参数随应力变化而改变的性质	1. 准确地评价储层； 2. 求出岩心在原地条件下的渗透率； 3. 为确定合理的生产压差提供依据	应力敏感性伤害率 D $D \leq 5\%$，无； $5\% < D \leq 30\%$，弱； $30\% < D \leq 50\%$，中等偏弱； $50\% < D \leq 70\%$，中等偏强； $D > 70\%$，强	为确定合理的生产压差提供依据
温度敏感实验	温度敏感就是指由于外来流体进入地层引起温度下降从而导致地层渗透率发生变化的现象	研究这种温度敏感引起的地层伤害程度	—	研究外来流体对地层的"冷却效应"

四、其他评价实验简介

油气层伤害的其他评价实验的实验目的及用途见表 2−7。

表 2−7　油气层伤害的其他评价实验

实 验 项 目	实 验 目 的 及 用 途
正反向流动实验	考虑岩心受流体流动方向和微粒运移产生的渗透率伤害情况,评价自然返排的效果
体积流量评价实验	在低于临界流速的情况下,用大量的工作液流过岩心,考察岩心微粒聚集体结构的稳定性和改变程度,用注水来做实验可评价油气层岩心对注入水量的敏感性
系列流动评价实验	了解油气层岩心按实际工程施工顺序与各种外来工作液接触后所造成的总的伤害程度及其各作业环节分项伤害程度
酸液评价实验	按酸化施工注液工序向岩心注入酸液,在室内预先评价和筛选保护油气层的酸液配方
润湿性评价实验	通过测定注入工作液前后油气层岩石的润湿性,观察工作液对油气层岩石润湿性的改变情况及其对油相或水相渗透率的影响
相对渗透率曲线评价实验	测定油气层岩石的相对渗透率曲线,观察相圈闭伤害的程度;测定注入工作液前后油气层岩石的相对渗透率曲线,观察工作液对油气层岩石相对渗透率的改变及由此发生的伤害程度
膨胀率评价实验	测定工作液进入岩心后的膨胀率,评价工作液与油气层岩石(主要是泥质含量高的疏松岩石,如泥质粉砂岩)的配伍性
离心机法测毛管压力快速评价实验	用离心法测定工作液进入油气层岩心前后毛管压力曲线,对比毛管压力曲线特征参数和孔隙结构参数,快速评价油气层的伤害

第四节　室内评价实用案例

油气层敏感性评价即预测油气层潜在的伤害因素,这是各类油井工程设计的基础。通过结合敏感性矿物分析及油田岩样全岩测试结果,弄清油气层潜在伤害受哪些敏感性矿物的控制,地层伤害的范围和类型取决于胶结物的性质和胶结程度以及黏土矿物的数量、所在位置和成因,对油气层的岩样进行敏感性结论预测。并对研究区块进行油气层敏感性室内评价,为室内制订和筛选入井液油气层保护方案奠定基础。

一、敏感性矿物

与不同性质的地层中流体发生物理化学反应进而导致油气层伤害的矿物称为敏感性矿物。由相应理论依据可将敏感性矿物分为四类:速敏矿物(以高岭石、伊利石为主的黏土矿物和粒径 $<37\mu m$ 的各类非黏土矿物);水敏矿物和盐敏矿物(以蒙脱石、伊蒙混层矿物等为主);酸敏矿物(以含铁绿泥石、铁方解石、铁白云石等为主);碱敏矿物(黏土矿物、长石、微晶石英等)。具体分析内容见表 2−8。

表 2-8 油气层矿物与敏感性分析表

敏感性矿物	潜在敏感性	敏感性程度	敏感性产生条件	敏感性抑制办法
蒙脱石	水敏性	强	淡水系统	高盐度流体、防膨剂
	速敏性	中等	淡水系统、较高流速	酸处理
	酸敏性	中等	酸化作业	酸敏抑制剂
伊利石	速敏性	中等	高流速	低流速
	微孔隙堵塞	中等	淡水系统	高盐度流体、防膨剂
	酸敏 $K_2SiF_6\downarrow$	较弱	HF 酸化	酸敏抑制剂
高岭石	速敏性	强	高流速、高 pH 值、瞬变压力	微粒稳定剂
	酸敏 $Al(OH)_3\downarrow$	中等	酸化压裂	低流速、低瞬变压力酸敏抑制剂
绿泥石	酸敏 $Fe(OH)_3\downarrow$	强	富氧系统，酸化后高 pH 值	除氧剂
	酸敏 $MgF_2\downarrow$	中等	HF 酸化	酸敏抑制剂
混合黏土	水敏性	中等	淡水系统	高盐度流体、防膨剂
	速敏性	中等	高流速	低流速
	酸敏性	较弱	酸化作业	酸敏抑制剂
含铁矿物	酸敏 $Fe(OH)_3\downarrow$ 硫化物沉淀	中等 较弱	高 pH 值，富氧系统 流体含 Ca^{2+}、Sr^{2+}、Ba^{2+}	酸敏抑制剂，除氧剂除垢剂
方解石 白云石	酸敏 $CaF_2\downarrow$	中等	HF 酸化	HCl 预冲洗 酸敏抑制剂
沸石类	酸敏 $CaF_2\downarrow$	较弱	HF 酸化	酸敏抑制剂
钙长石	酸敏	较弱	HF 酸化	酸敏抑制剂
非胶结微粒 石英、长石	速敏	中等	高流速、瞬变压力	低流速 低瞬变压力

二、油气层伤害分析实例

(一) 储层特征和潜在伤害因素分析

H 盆地 Z 储层的主要岩性为岩屑长石砂岩和长石砂岩,部分岩屑砂岩,岩屑大部分泥质化。长石含量 15% ~ 60%,黏土含量一般高于 10%,成分以高岭石为主,部分伊利石、蒙脱石及伊/蒙混层黏土。高岭石多呈孔隙充填式;伊利石以颗粒套膜、孔隙充填产出;部分有尖刺或伸长片状伊利石呈桥接式;蒙脱石和伊/蒙混层黏土以颗粒套膜或孔隙衬里形式产出。储层属中低孔隙度,孔隙以次生为主。由于黏土充填和包覆颗粒表面使岩石微孔丰富,连通孔喉半径较小,渗透率较低。典型样品的岩性和孔隙结构特征见表 2-9 和表 2-10。

表 2 - 9 储层性质分析结果

岩心号	岩　性	黏土总量 %	黏土类型及相对含量,%				黏土赋存状态	孔隙类型,%		
			$\frac{M+I}{M}$	I	K	Ch		总间孔	粒内溶孔和铸模孔	微孔
X5	粗中粒长石砂岩	8.87	—	26	74	—	杂基和自生孔填,少量套膜	40	20	40
X8	细粒岩屑长石砂岩	9.56	—	46	54	—		5	25	70
T23	不等粒岩屑长石砂岩	8.86	—	11	89	—	自生孔填为主,少量杂基,局部套膜	20	65	15
T24	不等粒岩屑长石砂岩	14.08	—	8	92	—		30	60	10
M3	不等粒岩屑长石砂岩	9.00	18	33	45	4	自生孔填为主	20	5	75
M5	细中粒岩屑砂岩	16.82	73	1	26		杂基,自生套膜和空膜	58	25	15

注:M—蒙脱石;I—伊利石;K—高岭石;Ch—绿泥石。

表 2 - 10 典型岩心的孔隙结构资料

岩心号	孔隙度 %	渗透率 K_g $10^{-3}\mu m^2$	最大连通喉道半径 r_{10} μm	平均孔喉半径 r μm	$>0.2\mu m$ 孔喉体积 %	$0.2\sim0.6\mu m$ 孔喉体积 %	$0.6\sim5\mu m$ 孔喉体积 %	$>5\mu m$ 孔喉体积 %
X5	18.00	10.66	3.723	1.226	80.5	14.5	62.5	3.5
X8	15.39	14.94	4.106	0.596	73.2	26.2	40.0	7.0
T23	17.03	2.16	1.423	0.398	64.1	24.1	40.0	0
T24	22.43	30.19	4.100	1.590	83.2	13.2	66.0	4.0
M3	12.05	0.50	1.028	0.244	58.3	35.3	21.7	1.3
M5	24.09	7.33	3.515	1.045	78.3	16.5	59.5	2.3

造成油气层岩石伤害的原因分为内在因素和外在因素。内在因素包括孔隙结构和黏土矿物及其含量、类型和产状;外在因素包括流体性质、液流速度变化等。内在因素在外因影响条件下对油气层岩石的储渗条件产生影响。这种现象的发生首先在于岩石本身有诸多易受伤害的潜在因素。如岩石中有数量较多的容易发生移动的微粒,加之岩石连通孔喉半径小,这就为流速敏感性创造了条件。研究油气层内易受流体机械作用而产生运移的微粒类型有自生高岭石、自生石英以及长石溶蚀残屑;此外,桥接式生长的伊利石也易为流体冲击碎断形成微粒。而以颗粒套膜或呈孔隙衬里出现的蒙脱石和伊/蒙混层黏土矿物对外来流体的盐度变化十分敏感,由此产生的晶格膨胀,可致孔喉缩小或完全堵塞,降低渗透率;而且伴随黏土的水化膨胀还可进一步发生黏土颗粒的分散、混层解体等现象,产生大量活动微粒,微粒的运移对地层渗透率会有更为严重的伤害。油气层岩石孔隙中充填的高岭石虽然属低膨胀性矿物,但在淡水条件下,由于阳离子交换作用致使黏土矿物周围的电化学环境改变,破坏了黏土晶粒间的凝聚力,使高岭石集合体分散、运移,引起渗透率下降。在对地层进行酸处理时,高岭石、长石等矿物易与酸作用生成硅胶体、氟硅酸盐、氟铝酸盐等化学沉淀物,或因选择性酸蚀作用形成酸蚀残余,长石骨架酸蚀崩解,从而释放大量微粒,这都会对地层造成伤害。由此可见这种富长石和岩屑、重泥质的油气层是一种容易遭受伤害的油气层,因此有必要进一步通过敏感性实验确定敏感类型及伤害程度。

（二）油气层敏感性评价

1. 速敏评价

流速敏感性是评价油气层岩石在流体流动速度变化时引起微粒运移所造成的渗透率伤害情况。试验时用模拟地层水从低流速逐级升高到最大流速。随着液体注入岩心速度的增大，渗透率的变化就能反映微粒运移的影响程度。试验中渗透率开始明显下降的流速为临界流速。相应最大流速的渗透率与初始流速的渗透率差值则反映速度敏感程度。典型样品的实验数据以及渗透率与流速变化的关系曲线见表 2－11 和图 2－7。

表 2－11　速敏试验数据及评价

样品号	K_∞ $10^{-3}\mu m^2$	K_L $10^{-3}\mu m^2$	K_{min} $10^{-3}\mu m^2$	临界流速 v_c cm^3/min	平均孔喉半径 $\bar{r}$ μm	$\frac{K_\infty - K_{min}}{K_\infty} \times 100\%$ $\%$	敏感程度
X8(1)	13.00	7.156	5.928	1.0	0.60	17.16	较弱
T23(1)	1.52	1.137	0.933	0.5	0.40	17.94	较弱
T24(1)	23.53	18.933	16.706	4.0	1.59	11.76	较弱

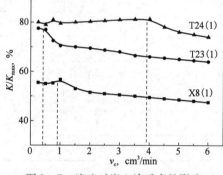

图 2－7　流速对岩心渗透率的影响

试验结果表明，流速增大时，岩心渗透率都有不同程度的下降，伤害值为 11.76% ~ 17.16%。临界流速则有明显差异，对比岩心平均孔喉半径 $\bar{r}$，可见 v_c 随 $\bar{r}$ 的增大有增大趋势。这是因为：岩心孔喉半径小时，低流速液体悬浮携载的小微粒就足以使孔喉发生堵塞，减少了有效流动孔道数目，使渗透率明显降低；岩心孔喉半径大时，低流速下运移的小微粒可以顺利通过孔喉；只有流速增大到能够使较大粒级微粒产生运移时，堵塞现象才明显。

2. 水敏性

水敏性试验是直接让岩心接触矿化度低于地层水的外来流体（类似钻井滤液、完井液），评价由此引起岩心内黏土膨胀、分散、运移对渗透率的影响情况。水敏性划分标准以地层水测定的渗透率 K_L 与蒸馏水测定的渗透率 K_w 之比来衡量：$K_w/K_L > 0.7$ 为弱水敏性，$K_w/K_L = 0.3 ~ 0.7$ 为中等水敏性，$K_w/K_L < 0.3$ 为强水敏性。典型样品的水敏试验数据和曲线见表 2－12 和图 2－8。

表 2－12　水敏试验数据及评价

样品号	K_∞ $10^{-3}\mu m^2$	K_L $10^{-3}\mu m^2$	K_w $10^{-3}\mu m^2$	$K_w/K_\infty \times 100\%$ $\%$	$K_w/K_L \times 100\%$ $\%$	水敏程度
X8(2)	10.20	5.428	3.985	39.07	73.42	较弱
T23(2)	6.85	5.376	2.724	39.77	50.67	中等
M3	0.364	0.069	0.020	5.49	29.03	强
M5	5.35	3.210	0.594	11.10	18.50	强

注：以 6000mg/L 盐水所测渗透率代表 K_w。

试验结果表明,岩心所含黏土矿物类型和含量对其水敏性有明显的控制作用。低和中等程度水敏的试样均不含高膨胀性黏土(蒙脱石和伊/蒙混层黏土),强水敏的试样都不同程度地含有高膨胀性黏土;而且高膨胀性黏土相对含量越高,其水敏性越强。含高膨胀性黏土的试样对所接触的水介质的盐度变化十分敏感,一旦水介质盐度低于地层水盐度,渗透率急剧降低;并且随着盐度的不断降低,伤害加剧。这说明富膨胀性黏土的地层在接触低盐度水介质时,黏土的膨胀,甚至水化分散运移是造成渗透率伤害的主要因素。图中 M5 试

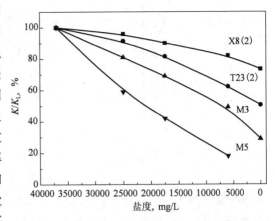

图 2-8　渗透率下降与盐度的变化关系

样蒙脱石和伊/蒙混层黏土相对含量高达 70%,其渗透率降低幅度最大。在水介质盐度为 6000mg/L 时,其渗透率损失已达 94%;再降至蒸馏水时,试样完全丧失渗透率;取出试样置蒸馏水中数小时后,岩样解体。这进一步证实了黏土水化膨胀的同时伴随有黏土的分散脱离。分散脱离的黏土量少时,以微粒运移方式对油气层渗透率造成伤害;分散脱离的黏土量多时,可以破坏岩石的胶结状态,破坏岩石结构,产生更严重的油气层伤害问题。

富低膨胀性黏土的试样对盐度变化的敏感性较弱,其主要伤害发生在较低盐度范围。

3. 酸敏性

用酸溶蚀砂岩以改善渗透性是常用的增产措施之一。但由于处理不当或酸系统的设计不适应地层条件,酸化的结果反而会使地层进一步受伤害。酸化可能对油气层渗透率造成伤害的原因,一是生成化学沉淀物,二是破坏岩石结构而释放大量微粒。

所研究油气层中与酸作用可能生成沉淀物的主要矿物有高岭石、长石等。高岭石与 HF 反应后可生成氟硅酸和氟铝络合物,其反应式为:

$$Al_2Si_2O_5(OH)_4 + 18HF \longrightarrow 2H_2SiF_6 + 2AlF_3 + 9H_2O$$

当 HF 浓度下降,氟硅酸水解,有二氧化硅水化物生成:

$$H_2SiF_6 + 4H_2O \longrightarrow Si_2(OH)_4 + 6HF$$

地层中长石酸蚀提供的钾、钠、钙离子(或来自地层水中)与氟硅酸反应生成氟硅酸盐沉淀:

$$H_2SiF_6 + 2Na^+ \longrightarrow Na_2SiF_6 + 2H^+$$

这些沉淀物是导致砂岩油气层在酸化初始时渗透率降低的原因之一。

在酸化过程中,由于酸对不同矿物的溶解速度不同,差异溶蚀的结果会使某些矿物小晶体暴露孤立,矿物晶体间以及矿物与骨架颗粒间的连接力降低,形成数量可观的活动性酸蚀残余微粒,这些微粒的运移对孔喉的堵塞也是造成地层伤害的重要因素。

对所研究的油气层岩石用 6:3 土酸(12% HCl,6% HF)进行了酸敏性流动试验。试验时,先测定试样地层水渗透率 K_L,注 10 倍孔隙体积的 NH_4Cl 溶液(消除地层水干扰),反向注土酸,模拟关井 2h,用 NH_4Cl 排残酸,再用地层水测渗透率 K_{Ls},该渗透率值稳定后,迅速换向测反向渗透率变化,检查微粒释放情况。

注 1 倍孔隙体积土酸的典型试验曲线见图 2-9。

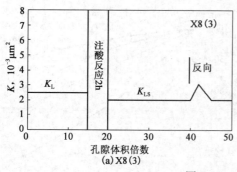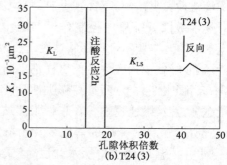

图 2-9 酸敏实验曲线

酸化后试样渗透率平均损失 15%，最大可达 29%。注酸后反向流动时渗透率都有暂时回升然后下降的特征，证明有微粒运移堵塞孔喉的现象存在。实验后的岩心用扫描电镜观察，可见试样中高岭石明显被酸蚀，并且发生了分散和移动；同时还有其他微粒，如长石碎屑、微粒石英等被释放出来成为移动质点。此外，长石酸蚀痕迹及酸蚀残屑也清晰可见。

对于注 1 倍孔隙体积的酸化，模拟的是酸化前沿，化学沉淀物的影响是存在的；但因酸化导致的大量微粒释放而堵塞孔喉，是造成渗透率伤害的主要原因。增大注酸倍数，在岩石结构未遭受严重破坏时，可有限地改善渗透率；但地层内长石酸蚀造成的骨架颗粒崩解，其产生的大量残屑对油气层的伤害十分严重。矿场实际酸化施工资料也证实了这一点，如 H4 井深 1643.0～1844.6m 段四个小层，初测试产油 1.1m^3/d，产水 1.4m^3/d，反求地层渗透率为 0.032 ×10^{-3}μm^2，远较岩心分析的平均渗透率(0.96×10^{-3}μm^2)低，地层伤害严重，故进行酸化改造。在高压下(最高压力 46MPa)挤土酸(12% HCl,6% HF)11m^3，气举排液求产，日产油仅 0.035t，水 0.3m^3。说明酸化没见效果，反使地层受到进一步伤害。

（三）油气层保护和改造措施探讨

通过前述分析，所研究油气层存在速敏、水敏、酸敏问题，就伤害程度而言，水敏和酸敏是主要的。为了防止油气层伤害，对含蒙脱石和伊/蒙混层黏土的地层应考虑在钻井液和完井液及其他施工用液中加入防膨剂，如 3% 的 KCl 溶液。对于富高岭石的地层，黏土的水化分散运移的影响不容忽视，应采用合适的黏土稳定剂来抑制其分散运移。

此外对高杂基、高长石及岩屑的砂岩进行酸化作业时，黏土及长石酸蚀产生的化学沉淀及微粒释放对油气层的影响十分严重，酸蚀强烈时，还会造成长石颗粒崩解而破坏岩石结构，带来更严重的油气层伤害。所以注入的酸中应减少 HF 的含量。酸化作业时，应针对地层特点预注前置液，残酸应充分及时返排。鉴于油气层有诸多不利于常规改造措施的地质因素，建议使用高能气体压裂技术，该工艺是一种不产生伤害的增产改造措施。它是借助高能气体在井眼附近造出一组微裂缝束，裂缝穿透伤害带，构成油气流的渗流通道网络，达到消除污染、改造地层的目的。

第五节 油气层敏感性预测技术

前面介绍的油气层敏感性实验评价技术，虽然可以取得比较准确的油气层敏感性资料，但必须要有大量该油气层的天然岩心,而且要花费大量的人力和物力,通过半年左右或半年以上的辛勤工作才能确定出油气层的敏感性。所以,用这种方法确定油气层的敏感性存在两方面的主要问题:

(1)随着勘探技术水平不断提高,勘探速度不断加快,对于一个新探区,从第一口参数井或预探井取得勘探资料到该区块进行大规模的开发,速度快的仅需一年左右时间,若仅用现有的敏感性实验评价方法确定油气层的敏感性来为保护油气层的钻井完井液措施研究提供基础资料,就很难满足快速勘探开发实际生产的需要。

(2)对于老油田的稳产工作,需要打大量的调整井和侧钻井,为了提高钻井和射孔试油的效果,需要开展保护油气层工作。但是,在这些井上要开展保护油气层工作,最大的问题就是没有供确定油气层敏感性所需的大量天然岩心,使保护油气层工作难以进行。

针对上述这些问题,已经研究开发出了油气层敏感性快速诊断和预测技术,用该技术仅需铸体薄片分析、X 射线衍射、孔隙度、渗透率和地层水矿化度分析资料,就可以在很短的时间内确定出油气层的水敏、水速敏、盐敏、盐酸酸敏和土酸酸敏等五种敏感性。从而,可以解决保护油气层技术的研究工作滞后于勘探开发生产的需要,以及老油田因无大量的可用天然岩心无法开展保护油气层工作等保护油气层技术研究中急需解决的难题。同时,可以大幅度减轻研究人员的劳动强度,节省大量天然岩心和研究经费。

一、预测方法的基本原理

根据唯物辩证法的观点,物质的外部表现都是其内部性质的体现,并且物质的性质之间也存在一定的联系。如果把油气层的敏感性看作是油气层内部性质的外部体现,那么油气层的敏感性必定与油气层岩石的矿物性质和孔隙性质及油气层流体性质有关。所以,用多元统计分析方法研究油气层的内部性质与敏感性的关系,找出影响油气层敏感性的主要内部因素,在此基础上,按如下步骤对油气层的敏感性进行预测:

(1)按不同的敏感性范围对油气层进行分组;

(2)用多元统计分析方法求出各组的判别函数;

(3)把待判别油气层的资料代入各判别函数中分别求出该油气层属于各组的置信概率值;

(4)把待判别油气层归类于概率值最大的一组,并用该组的敏感性对该油气层的敏感性做出预测。

二、预测技术所能确定的油气层敏感性和所需资料

(一)预测的敏感性

目前,该项预测技术可以确定油气层的以下五种敏感性:(1)水敏性;(2)模拟地层水条件下油气层的速敏性;(3)盐敏性;(4)盐酸酸敏性;(5)土酸酸敏性。

(二)所需油气层资料

要预测油气层的水敏性、模拟地层水条件下油气层的敏感性、盐敏性、盐酸酸敏性和土酸酸敏性等五种敏感性,共需 17 项油气层组成和结构特性资料,所需的油气层特性资料和这些资料的取得方法见表 2 – 13。

表 2 – 13　预测油气层敏感性所需的油气层特性资料和资料的取得方法

所需油气层特性资料	资料取得方法
泥质含量、石英含量、长石含量、岩屑含量、碳盐含量、胶结物含量、胶结类型、粒度均值、粒度分选	铸体薄片分析
蒙脱石、高岭石、伊利石、绿泥石和伊/蒙混层的含量	X 射线衍射
平均孔隙度和平均空气渗透率	物性分析
地层水矿化度	水分析

三、该项技术的应用情况

目前,该项技术已用于预测塔里木、大庆、辽河、胜利、冀东、青海、吉林、苏丹 Unity 等油田的近 100 口井、130 个层位、700 个井段的 3000 个以上的油气层敏感性资料,预测结果与已有的敏感性资料基本一致,典型结果见表 2 – 14。

表 2 – 14　塔里木油田敏感性预测结果与实验评价结果的比较

敏感性名称	评价指标	实验结果		预测结果	
		平均值	平均伤害	平均值	平均伤害
水速敏	渗透率恢复值,%	94.60	弱伤害	81.30	弱伤害
	临界流量,mL/min	0.04 ~ 1.55		0.3 ~ 0.8	
水敏	渗透率恢复值,%	67.52	中偏弱	56.85	中偏弱
盐敏	渗透率恢复值,%	57.74	中偏弱	51.67	中偏弱
	临界矿化度,mg/L	47203		>14400	
盐酸敏	渗透率恢复值,%	104.69	无伤害	77.41	弱伤害
土酸敏	渗透率恢复值,%	80.13	弱伤害	63.70	中偏弱

四、油气层敏感性预测软件介绍

(一)软件的主要功能

用油气层敏感性预测软件,可以在很短的时间内,同时或分别快速确定出砂岩油气层的下列五种敏感性和相应的置信概率:

(1)油气层的水敏性和为该水敏程度的置信概率;

(2)模拟地层水油气层的速敏性和为该速敏程度的置信概率;

(3)油气层的盐敏性和为该盐敏程度的置信概率;

(4)油气层的盐酸酸敏性和为该盐酸酸敏程度的置信概率;

(5)油气层的土酸酸敏性和为该土酸酸敏程度的置信概率。

(二)软件的主要特点

概括来说,该软件有以下几方面的特点:

(1)预测油气层敏感性所需的油气层资料比较容易取得。

(2)可以比较容易地与其他软件进行数据交换。

(3)预测油气层敏感性比较齐全,可预测常用的五种重要油气层敏感性。

(4)速度快,可以节省大量天然岩心和人力及实验经费。

（5）可靠性高。用多种方法检验表明,预测软件有很高的可靠性,预测的符合率最高为96%,平均为87%左右。现场验证也表明:预测结果与实验结果有很好的一致性,有些预测结果值与实验结果值非常接近,进一步证明预测软件的准确性很高。

（6）预测软件运行于 Windows 环境,具有丰富的帮助功能,操作灵活、方便,界面很好。

（7）预测软件中进行了多处智能化处理和纠错处理,可保证软件操作简便和可靠。

（8）预测软件可以在常用的软、硬件环境下运行。

中国石油勘探开发研究院钻井所已经研究成功上述软件。此软件的正式中文名称为砂岩油气层敏感性快速预测软件 for Windows V2.0。正式英文名称为 Reservoir Sensitivity Prediction Software for Windows V2.0,简称 RESPRES for Windows V2.0。

复习思考题

1. 为什么要进行岩心分析?

2. 岩心分析的主要技术手段有哪些?

3. XRD、SEM、薄片分析、压汞实验在岩心分析技术中的应用特点有哪些?

4. 什么是油气层伤害的室内评价? 简述其评价的目的。

5. 为了正确地评价油气层伤害,对于选择用于实验的岩心有哪些要求?

6. 室内常用的敏感性评价实验有哪些?

7. 什么是速敏? 速敏评价的目的是什么? 影响油气层速敏性的主要因素有哪些?

8. 简述五敏实验结果在保护油气层技术方面的应用。

9. 油气层敏感性实验评价技术存在哪些主要问题?

10. 油气层敏感性预测软件具有哪些主要特点?

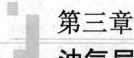

第三章
油气层伤害机理

油气层伤害机理是油气层伤害的产生原因和伴随伤害发生的物理、化学变化过程。机理研究工作必须建立在岩心分析技术和室内岩心流动评价实验结果,以及有关现场资料分析的基础上,其目的在于认识和诊断油气层伤害原因及伤害过程,以便为推荐和制订各项保护油气层和解除油气层伤害的技术措施提供科学依据。

开发生产过程中油气层伤害的本质是指油气层有效渗透率的降低。有效渗透率的降低包括了绝对渗透率的降低和相对渗透率的降低。绝对渗透率的降低主要指岩石储渗空间的改变。引起储渗空间改变的因素有:外来固相的侵入、水化膨胀、酸敏伤害、碱敏伤害、微粒运移、结垢、细菌堵塞和应力敏感伤害。相对渗透率的降低主要是由水锁、贾敏效应、润湿反转和乳化堵塞等引起的。二者伤害的最终结果表现为储渗条件的恶化,不利于油气渗流,即有效渗透率降低。

为什么油气层会发生伤害呢?在油气层被钻开之前,它的岩石、矿物和流体是在一定物理、化学环境下处于一种平衡状态。在被钻开以后,钻井、完井、修井、注水和增产等作业或生产过程都可能改变原来的环境条件,使平衡状态发生改变,这就可能造成油气井产能下降,导致油气层伤害。所以,油气层伤害是在外界条件影响下油气层内部性质变化造成的,即可将油气层伤害原因分为内因和外因。凡是受外界条件影响而导致油气层渗透性降低的油气层内在因素,均属油气层潜在伤害因素(内因),它包括孔隙结构、敏感性矿物、岩石表面性质和流体性质。在施工作业时,任何能够引起油气层微观结构或流体原始状态发生改变,并使油气井产能降低的外部作业条件,均为油气层伤害外因,它主要指入井流体性质、压差、温度和作业时间等可控因素。为了弄清油气层伤害机理,不但要弄清油气层伤害的内因和外因,而且要研究内因在外因作用下产生伤害的过程。

综上所述,造成伤害的本质原因是外来作业流体(含固相微粒)进入油层时,与油层本身固有的岩石和所含流体性质不配伍;或者由于外部工作条件如压差、温度、作业时间等改变,引起相对渗透率的下降。油层岩石本身和所含流体的性质是客观存在的,是产生伤害的潜在因素,油气田开发生产过程中其原始状态和性质是不断改变的。因此,在开发生产过程中,应不断地对油层岩石和流体的性质进行再认识、再分析,并且把研究重点放在动态上。而开发生产中各作业环节的入井流体和各种工作方式是诱发地层潜在伤害的外部因素,是可以人为控制的,它们是实施油层保护技术的着眼点。

第一节　油气层伤害的内在因素

凡是受外界影响而导致油气层渗透性降低的储层内在因素,均属油气层潜在伤害因素,它包括储渗空间特性、敏感性矿物、岩石表面性质和油气层流体的性质,下面讨论各因素对油气层伤害的影响。

一、油气层储渗空间特性

油气层的储集空间主要是孔隙,渗流通道主要是喉道,喉道是指两个颗粒间连通的狭窄部分,是易受伤害的敏感部位。孔隙和喉道的几何形状、大小、分布及其连通关系,称为油气层的孔隙结构。对于裂缝型油气层,天然裂缝既是储集空间又是渗流通道。根据基块孔隙和裂缝的渗透率贡献大小,可以划分出一些过渡油气层类型。孔隙结构是从微观角度来描述油气层的储渗特性,而孔隙度与渗透率则是从宏观角度来描述岩石的储渗特性。

(一)油气层的孔喉类型

不同的颗粒接触类型和胶结类型决定着孔喉类型,一般将油气层孔喉类型分为五种(图3-1),并将孔喉特征与油气层伤害的关系列为表3-1。

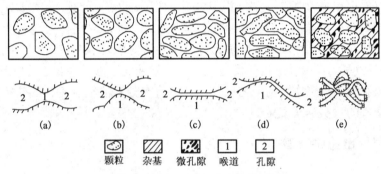

图3-1 油气层的孔喉类型
(a)缩颈喉道;(b)点状喉道;(c)片状喉道;(d)弯片状喉道;(e)管束状喉道

表3-1 孔喉类型与油气层伤害关系

孔喉类型	孔喉主要特征	可能的伤害方式
缩颈喉道	孔隙大,喉道粗,孔隙与喉道直径比接近于1	固相侵入、出砂和地层坍塌
点状喉道	孔隙大(或较大),喉道细,孔隙与喉道直径比大	微粒运移、水锁、贾敏、固相侵入
片状或弯片状喉道	孔隙小,喉道细而长,孔隙与喉道直径比中到大	微粒堵塞、水锁、贾敏、黏土水化膨胀
管束状喉道	孔隙和喉道成为一体且细小	水锁、贾敏、乳化堵塞、黏土水化膨胀

(二)油气层岩石的孔隙结构参数

孔喉类型是从定性角度来描述油气层的孔喉特征,而孔隙结构参数则是从定量角度来描述孔喉特征。常用的孔隙结构参数有孔喉大小与分布、孔喉弯曲程度和孔隙连通程度。一般来说,它们与油气层伤害的关系为:

(1)孔喉大小与分布。孔喉大小与分布可毛管压力曲线中获得。在其他条件相同的情况下,孔喉越大,不匹配的固相颗粒侵入的深度就越深,造成的固相伤害程度可能就越大,但滤液造成的水锁、贾敏等伤害的可能性较小。相反,孔喉越小,如果主要流动喉道被堵塞,则对渗透率的伤害很大。

(2)孔喉弯曲程度。孔喉弯曲程度越大,外来固相颗粒侵入越困难,侵入深度小;而地层微粒易在喉道中阻卡,微粒分散或运移的伤害潜力增加,喉道越易受到伤害。

(3)孔隙连通程度。孔隙连通性越差,油气层越易受到伤害。

(三)油气层的孔隙度和渗透率

孔隙度是衡量岩石储集空间多少及储集能力大小的参数,孔隙度越大,储集空间及储集能力越大。渗透率是衡量油气层岩石渗流能力大小的参数,渗透率越大岩石的渗透能力越大。油气层的孔隙度和渗透率是从宏观上表征油气层特性的两个基本参数。其中与油气层伤害关系比较密切的是渗透率,因为它是孔喉的大小、均匀性和连通性三者的共同体现。对于一个渗透性很好的油气层来说,可以推断它的孔喉较大或较均匀,连通性好,胶结物含量低,这样它受固相侵入伤害的可能性较大;相反,对于一个低渗透性油气层来说,可以推断它的孔喉小或连通性差,胶结物含量较高,这样它容易受到黏土水化膨胀、分散运移及水锁和贾敏伤害。孔隙度与渗透率之间一般为正相关关系,但不是绝对的。往往渗透率高的砂岩,孔隙度也高,但在有些情况下,渗透却不一定高,如在一些细粉砂岩储层,由于骨架颗粒细小,孔隙也小,连通性很差,渗透也较低,但由于孔隙数量多,孔隙度并不低。孔隙度变化范围很小,常在 10% ~ 30% 之间。渗透率变化范围很大,可从几到几万毫达西。渗透率比孔隙度变化范围大得多。油气层内渗透率的变化比孔隙度更为明显,因此,常用渗透率大小来划分油气层的好坏更为实用。同样,了解油气层可能受伤害的情况也主要是了解油气层渗透率变化的情况,并且原始油气层渗透率的大小对油气层伤害的影响也较大,所以,在分析油气层潜在的伤害因素时,较为关注油气层渗透率的大小及其变化。

二、油气层的敏感性矿物

(一)敏感性矿物的定义和特点

油气层岩石骨架是由矿物构成的,它们可以是矿屑和岩屑。从沉积物来源上讲,有碎屑成因、化学成因和生物成因之分。油气层中的造岩矿物绝大部分属于化学性质比较稳定的类型,如石英、长石和碳酸盐矿物,不易与工作液发生物理和化学作用,对油气层没有多大伤害。成岩过程中形成的自生矿物数量虽少,但易与工作液发生物理和化学作用,导致油气层渗透性显著降低,这部分矿物就称为油气层敏感性矿物。它们的特点是粒径很小(<37μm),比表面大,且多数位于孔喉处。因此它们必然优先与外界流体接触,进行充分作用,引起油气层敏感性伤害。

(二)敏感性矿物的类型

敏感性矿物的类型决定着其引起油气层伤害的类型。根据不同矿物与不同性质的流体发生反应造成的油气层伤害,可以将敏感性矿物分为四类:

(1)水敏和盐敏矿物:油气层中与矿化度不同于地层水和水相作用产生水化膨胀或分散、脱落等,并引起油气层渗透率下降的矿物。主要有蒙脱石、伊利石/蒙脱石间层矿物和绿泥石/蒙脱石间层矿物。

(2)碱敏矿物:油气层中与高 pH 值外来液作用产生分散、脱落或新的硅酸盐沉淀和硅凝胶体,并引起渗透率下降的矿物。主要有长石、微晶石英、各类黏土矿物和蛋白石。

(3)酸敏矿物:油气层中与酸液作用产生化学沉淀或酸蚀后释放出微粒,并引起渗透率下降的矿物。酸敏矿物分为盐酸酸敏矿物和氢氟酸酸敏矿物。前者主要有含铁绿泥石、含铁方解石、含铁白云石、赤铁矿、菱铁矿和水化黑云母；后者主要有方解石、石灰石、白云石、钙长石、沸石、云母和各类黏土矿物。

（4）速敏矿物：油气层中在高速流体流动作用下发生运移，并堵塞喉道的微粒矿物。主要有黏土矿物及粒径小于 $37\mu m$ 的各种非黏土矿物，如石英、长石、方解石等。

（三）敏感性矿物的产状

敏感性矿物的产状是指它们在含油气岩石中的分布位置和存在状态，其对油气层伤害有较大影响。通过大量的研究，敏感性矿物有四种产状类型，它们与油气层伤害的关系如下：

（1）薄膜式：黏土矿物平行于骨架颗粒排列，呈部分或全包覆基质颗粒状，这种产状以蒙脱石和伊利石为主。流体流经它时阻力小，一般不易产生微粒运移，但这类黏土易产生水化膨胀，减少孔喉，甚至引起水锁伤害。

（2）栉壳式：黏土矿物叶片垂直于颗粒表面生长，表面积大，又处于流体通道部位，呈这种产状以绿泥石为主。流体流经它时阻力大，因此极易受高速流体的冲击，然后破裂形成颗粒随流体而运移。若被酸蚀后，形成 $Fe(OH)_3$ 胶凝体和 SiO_2 凝胶体，堵塞孔喉。

（3）桥接式：由毛发状、纤维状的伊利石搭桥于颗粒之间，流体极易将它冲碎，造成微粒运移。

（4）孔隙充填式：黏土充填在骨架颗粒之间的孔隙中，呈分散状，黏土粒间微孔隙发育。以高岭石、绿泥石为主呈这种产状，极易在高速流体作用下造成微粒运移。

（四）敏感性矿物的含量与伤害程度的关系

一般来说，敏感性矿物含量越高，由它造成的油气层伤害程度越大；在其他条件相同的情况下，油气层渗透率越低，敏感性矿物对油气层造成伤害的可能性和伤害程度就越大。

三、油气层岩石的表面性质

当油气层中流体与岩石相互接触时，岩石的表面性质就显得十分重要，因为它直接影响着流体在孔隙中的分布与渗流。因此，了解岩石的表面性质有助于认识油气层潜在的伤害。与油气层潜在伤害因素有关的表面性质有岩石比表面、润湿性及毛细现象等。

（一）岩石比表面

岩石比表面是指单位体积的岩石内颗粒的总表面积，或单位体积岩石内总孔隙的内表面积。岩石中的细颗粒越多，则岩石比表面越大。比表面越大，流体与岩石接触面越大，岩石与流体的作用越充分，造成的伤害也可能越大。

（二）岩石的润湿性

岩石表面被液体润湿（铺展）的情况称为岩石的润湿性。岩石的润湿性一般可分为亲水性、亲油性和两性润湿三大类。油气层岩石的润湿性有以下作用：

（1）控制孔隙中油气水分布，对于亲水性岩石，水通常吸附于颗粒表面或占据小孔隙角隅，油气则占孔隙中间部位；对于亲油性岩石，刚好出现相反的现象。

（2）决定着岩石孔道中毛管压力的大小和方向，毛管压力的方向总是指向非润湿相一方。

当岩石表面亲水时,毛管压力是水驱油的动力;当岩石表面亲油时,毛管压力是水驱油的阻力。

（3）影响着油气层微粒的运移,油气层中流动的流体润湿微粒时,微粒容易随之运移,否则微粒难以运移。

油气层岩石的润湿性的前两个作用,可造成有效渗透率下降和采收率降低两方面的伤害,而后一作用对微粒运移有较大影响。

（三）毛细现象

润湿性在毛细管中的作用就是毛细现象。毛细现象实际上就是润湿相在毛细管中上升的现象。油气层岩石具有十分复杂的孔隙系统,可把它看成是一套不规则的毛细管网络。特别对于平均孔喉半径小的油气层,毛细管现象将显得更为突出。如生产中不加注意,很容易导致由毛细管现象造成的水锁及贾敏伤害。

四、油气层流体性质

油气层流体包括油、气、水三种。但是,与油层伤害关系最为密切的是地层水的性质,其次是原油性质与天然气的性质。所以,下面着重介绍地层水、原油和天然气与油气层伤害有关的性质。

（一）地层水的性质

地层水性质主要指矿化度、离子类型和含量、pH 值和水型等。对油气层伤害的影响有:

（1）当油气层压力和温度降低或入侵流体与地层水不配伍时,会生成 $CaCO_3$、$CaSO_4$、$Ca(OH)_2$ 等无机沉淀;

（2）高矿化度盐水可引起进入油气层的高分子处理剂发生盐析。

如果不考虑地层水成分,而配制使用与地层水不配伍的工作液,将会对地层造成严重的伤害。

（二）原油的性质

原油的性质主要包括黏度、含蜡量、胶质、沥青、析蜡点和凝点。原油性质对油气层伤害的影响有:

（1）石蜡、胶质和沥青可能形成有机沉淀,堵塞孔喉;

（2）原油与入井流体不配伍形成高黏乳状液,胶质、沥青质与酸液作用形成酸渣;

（3）注水和压裂中的冷却效应可以导致石蜡、沥青在地层中沉积,堵塞孔喉。

（三）天然气的性质

与油气层伤害有关的天然气的性质主要是 H_2S 和 CO_2 腐蚀气体的含量和相态特征。腐蚀气体的作用是腐蚀设备造成微粒堵塞,H_2S 在腐蚀过程中形成 FeS 沉淀,造成井下和井口管线的堵塞。

相态特征主要是针对凝析气藏而言,当开采时压差过大或气藏压力衰竭时,井底压力低于露点压力,此时凝析液在井筒附近积聚,使气相渗透率大大降低,形成油相圈闭。

五、油气藏环境

地层伤害是在特定的环境下发生的。内部环境包括油气藏温度、压力、原地应力和天然驱动能量；外部环境有工作液的流速、化学性质、固相颗粒分布、压差、流体的温度等。

油气层潜在伤害因素相对一个特定的时间段而言，是油气层的固有特性。当油气层被钻开以后，由于受外界条件的影响，它的孔隙结构、敏感性矿物、岩石润湿性和油气水性质都会发生变化。因此油气层潜在伤害因素在不同的生产作业阶段可能是动态变化的。在分析油气层潜在伤害时，不能只考虑单一的影响因素，而要考虑油气层的矿物特征、油气层物性及油气层的流体性质等，只有这样才能得到客观的分析和判断。

第二节　油气层伤害的外在因素

上一节介绍的油气层伤害的内在因素，没有外因作用来诱发它们，它们自身不可能造成油气层伤害。因此研究油气层伤害机理的关键是研究外因如何诱发内因起作用而造成油气层伤害。在不同的生产作业过程中，由外因诱发造成的油气层伤害机理是各种各样的。本节仅介绍各生产作业环节中油气层伤害机理的共性。

一、外界流体进入油气层引起的伤害

归纳起来，外界流体进入油气层可引起如下四方面的伤害。

（一）流体中固相颗粒堵塞油气层造成的伤害

入井流体常含有两类固相颗粒：一类是为达到其性能要求而加入的有用颗粒，如加重剂和桥堵剂等；另一类是岩屑和混入的杂质及固相污染物质，它们是有害固体。固相堵塞伤害的机理是：当井眼中流体的液柱压力大于油气层孔隙压力时，固相颗粒就会随液相一起被压入油气层，从而缩小油气层孔道半径，甚至堵死孔喉造成油气层伤害。影响外来固相颗粒对油气层的伤害程度和侵入深度的因素有：

（1）固相颗粒粒径与孔喉直径的匹配关系；

（2）固相颗粒的浓度；

（3）施工作业参数，如压差、剪切速率和作业时间。

外来固相颗粒对油气层的伤害有以下特点：

（1）颗粒一般在近井地带造成较严重的伤害；

（2）颗粒粒径小于孔径的十分之一，且浓度较低时，虽然颗粒侵入深度大，但是伤害程度可能较低，但此种伤害程度会随时间的增加而增加；

（3）对中、高渗透率的砂岩油气层来说，尤其是裂缝型油气层，外来固相颗粒侵入油气层的深度和所造成的伤害程度相对较大。应用辩证的观点可在一定条件下将固相堵塞这一不利因素转化为有利因素，如当颗粒粒径与孔喉直径匹配较好，浓度适中，且有足够的压差时，固相颗粒仅在井筒附近很小范围形成严重堵塞(即低渗透的内滤饼),这样就限制了固相和液相的侵入量,从而降低伤害的深度。

(二)外来流体与岩石不配伍造成的伤害

1. 水敏性伤害

若进入油气层的外来液体与油气层中的水敏性矿物(如蒙脱石)不配伍时,将会引起这类矿物水化膨胀、分散或脱落,导致油气层渗透率下降,这就是油气层水敏性伤害。油气层的水敏性与油气层中黏土矿物类型、含量、存在状态、油气层物性、外来液体的矿化度大小、矿化度降低速度及阳离子成分等因素有关。油气层水敏性伤害的规律有:

(1)当油气层物性相似时,油气层中水敏性矿物含量越多,水敏性伤害程度越大;

(2)油气层中常见的黏土矿物对油气层水敏性伤害强弱影响顺序为:蒙脱石 > 伊利石/蒙脱石间层矿物 > 伊利石 > 高岭石、绿泥石;

(3)当油气层中水敏性矿物含量及存在状态均相似时,高渗油气层的水敏性伤害比低渗油气层的水敏性伤害要低些;

(4)外来液体的矿化度越低,引起油气层的水敏性伤害越强,外来液体的矿化度降低速度越大,油气层的水敏性伤害越强;

(5)在外来液矿化度相同的情况下,外来液中含高价阳离子的成分越多,引起油气层水敏性伤害的程度越弱。

2. 碱敏性伤害

高 pH 值的外来液体侵入油气层时,与其中的碱敏性矿物发生反应造成分散、脱落、新的硅酸盐沉淀和硅凝胶体生成,导致油气层渗透率下降,这就是油气层碱敏性伤害。油气层产生碱敏伤害的原因为:

(1)黏土矿物的铝氧八面体在碱性溶液作用下,使黏土表面的负电荷增多,导致晶层间斥力增加,促进水化分散,堵塞油气层孔道,降低渗透率;

(2)隐晶质石英和蛋白石等较易与氢氧化物反应生成不可溶性硅酸盐,这种硅酸盐可在适当的 pH 值范围内形成硅凝胶而堵塞孔道。

影响油气层碱敏性伤害程度的因素有:碱酸性矿物的含量、液体的 pH 值和液体侵入量,其中液体的 pH 值起着重要作用,pH 值越大,造成的碱敏性伤害越大。

3. 酸敏性伤害

油气层酸化处理后,释放大量微粒,矿物溶解释放出的离子还可能再次生成沉淀,这些微粒和沉淀将堵塞油气层的孔道,轻者可削弱酸化效果,重者导致酸化失败。这种酸化后导致油气层渗透率的降低就是酸敏性伤害。造成酸敏性伤害的无机沉淀和凝胶体有:$Fe(OH)_3$、$Fe(OH)_2$、CaF_2、MgF_2、氟硅酸盐、氟铝酸盐沉淀以及硅酸凝胶。这些沉淀和凝胶的形成与酸的浓度有关,其中大部分在酸浓度很低时才形成沉淀。

控制酸敏性伤害的因素有:酸液类型和组成、酸敏性矿物含量、酸化后返排酸的时间。因此,油气层酸化效果的好坏,要看有利的溶解反应与不利的沉淀反应哪个起主导作用,若有利因素起主导作用,则酸化有效;反之,则无效。目前已采取了多种措施,如使用缓蚀酸、络合酸等,来尽量避免酸敏性的发生,从而改善酸化效果。

4.润湿性反转造成的伤害

油气层岩石可以是亲水性(水润湿)、亲油性(油润湿)或两性润湿,这主要取决于原油中极性组分的含量和天然岩石的表面性质。因化学处理剂的作用,使岩石的润湿性发生改变的现象,称之为润湿性反转。润湿性改变后,油气层的孔隙结构、孔隙度、绝对渗透率均不改变,但却严重影响油、水的相对渗透率。岩石由水润湿变成油润湿后,油由原来占据孔隙中间部分变成占据小孔隙角隅或吸附颗粒表面,大大地减少了油的流道;使毛管压力由原来的驱油动力变成驱油阻力。这样不但使采收率下降,而且大大地降低油气有效渗透率。据报道,可使油相渗透率降低15% ~ 85%。对润湿性改变起主要作用的是表面活性剂,影响润湿性反转的因素有:pH 值、聚合物处理剂、无机阳离子和温度。

(三)外来流体与地层流体不配伍造成的伤害

当外来流体的化学组分与地层流体的化学组分不相匹配时,将会在油气层中引起沉积、乳化或促进细菌繁殖等,最终影响油气层渗透性。

1.结垢

1)无机垢

由于外来液体与油气层流体不配伍,可形成 $CaCO_3$、$CaSO_4$、$BaSO_4$、$SrCO_3$、$SrSO_4$ 等无机垢沉淀。影响无机垢沉淀的因素有:

(1)外界液体和油气层液体中盐类的组成及浓度。一般来说,当这两种液体中含有高价阳离子(如 Ca^{2+}、Ba^{2+}、Sr^{2+} 等)和高价阴离子(如 SO_4^{2-}、CO_3^{2-} 等),且其浓度达到或超过形成沉淀的要求时,就可能形成无机沉淀。

(2)液体的 pH 值,当外来液体的 pH 值较高时,可使 HCO_3^- 转化成 CO_3^{2-},引起碳酸盐沉淀的生成,同时还可能引起 $Ca(OH)_2$ 等氢氧化物沉淀的形成。

(3)温度的影响。不同的无机沉淀受温度的影响不一样,对于吸热沉淀反应,如生成 $CaCO_3$、$CaSO_4$ 的沉淀反应,温度升高促使平衡生成沉淀方向移动,因此,这类沉淀的生成是地温越高,沉淀反应越易发生。对于放热沉淀反应,如生成的 $BaSO_4$ 反应,则正好相反,随着温度升高,生成沉淀的趋势减小。另外温度的降低还可使高矿化度的地层水溶液过饱和形成结晶,堵塞储层渗流通道。

(4)接触时间。不配伍的流体相互接触时间越长,生成的沉淀颗粒越大,沉淀的数量越多,沉淀引起的伤害越严重。

(5)压力降低的影响。油井生产过程中,井眼周围的流动压力一般都低于地层的原始饱和压力。由于压力的下降,地层流体中气体会不断脱出,气体的脱出对 $CaCO_3$ 的生成影响很大,会促使更多 $CaCO_3$ 沉淀生成。

2)有机沉淀

外来流体与油气层原油不配伍,可生成有机沉淀。有机沉淀主要指石蜡、沥青质及胶质在井眼附近的油气层中沉积,这样不仅可以堵塞油气层的孔道,而且还可能使油气层的润湿性发生反转,从而导致油气层渗透率下降。

影响形成有机垢的因素有:

(1)外来液体引起原油 pH 值改变而导致沉淀,高 pH 值的液体可促使沥青絮凝、沉积,一些含沥青的原油与酸反应形成沥青质、树脂、蜡的胶状污泥；

（2）气体和低表面张力的流体侵入油气层，可促使有机垢的生成。

2. 乳化堵塞

外来流体常含有许多化学添加剂，这些添加剂进入油气层后，可能改变油水界面性能，使外来油与地层水或外来水与油气层中的油相混合，形成油和水的乳化液（是一种或多种液体分散在另一种与它不相溶的液体中形成的多相分散体系）。这样的乳化液造成的油气层伤害有两方面：一方面是比孔喉尺寸大的乳状液滴堵塞孔喉，另一方面是提高流体的黏度，增加流动阻力。影响乳化液形成的因素有：

（1）表面活性剂的性质和浓度；

（2）微粒的存在；

（3）油气层的润湿性。

3. 细菌堵塞

油气层原有的细菌或者随着外来流体一起侵入的细菌，在作业过程中，当油气层的环境变成适宜它们生长时，它们会很快繁殖。油气田常见的细菌有硫酸盐还原菌、腐生菌、铁细菌。由于它们的新陈代谢作用，可能在三方面产生油气层伤害：

（1）它们繁殖很快，常以体积较大的菌络存在，这些菌络可堵塞孔道；

（2）腐生菌和铁细菌都能产生黏液，这些黏液易堵塞油气层；

（3）细菌代谢产生的 CO_2、H_2S、S^{2-}、OH^- 等，可引起 FeS、$CaCO_3$、$Fe(OH)_2$ 等无机沉淀。

影响细菌生长的因素为：环境条件（温度、压力、矿化度和 pH 值）和营养物。人们经过长期研究发现，细菌对油气层的伤害多发生在近井地带，细菌在井眼周围的繁殖半径与注水时间及地层渗透率有关，长期注水井中的细菌繁殖要比短期注水井中的细菌繁殖活跃；在高渗大孔隙油气层中，细菌易向油气层深部运移，造成大范围内的油气层伤害；低渗油气层对细菌的侵入有一定的阻碍作用，但细菌一旦侵入，将造成严重的伤害。

（四）外来流体进入油气层影响油水分布造成的伤害

外来水相渗入油气层后，会增加含水饱和度，降低原油的饱和度，增加油流阻力，导致油相渗透率降低。根据产生毛管阻力的方式，可分为水锁伤害和贾敏伤害。水锁伤害是由于非润湿相驱替润湿相而造成的毛管阻力，从而导致油相渗透率降低；贾敏伤害是由于非润湿液滴对润湿相流体流动产生附加阻力，从而导致油相渗透率降低。影响它们伤害的因素有：外来水相侵入量和油气层孔喉半径。对低渗油气层来说，水锁、贾敏伤害明显，应引起重视。

二、工程因素和油气层环境条件发生变化造成的伤害

在油气层生产和作业过程中，除前面讨论的外来流体进入油气层造成油气层伤害外，生产或作业压差、油气层温度变化和生产或作业时间等工程因素，以及油气层环境条件都可能引起新的油气层伤害或者加重油气层伤害的程度。油田的勘探与开发是一个系统工程，如果其中某个环节造成了严重的油气层伤害，都可能使其他工作无效，影响油田开发效果。因此了解生产过程中可能造成的油气层伤害，不但有助于采取保护油气层的措施，而且也是分析判断油气层伤害机理的基础。

（一）生产或作业压差引起的油气层伤害

生产或作业压差太大可能造成如下几方面的伤害。

1. 微粒运移产生速敏伤害

大多数油气层都含有一些细小矿物颗粒，其粒径小于 $37\mu m$，是可运移微粒的潜在物源。这些微粒在流体流动作用下发生运移，并且单个或多个颗粒在孔喉处发生堵塞，造成油气层渗透率下降，这就是微粒运移伤害（图3-2）。使油气层微粒开始运移的流体速度叫临界流速。只有流速超过临界流速后，微粒才能运移，发生堵塞。由于油气层中流体流速的大小直接受生产压差的影响，即在相同的油气层条件下，一般生产压差越大，流体产出或注入速度就越大，因此，虽然微粒运移是由流速过大引起，但其根源却是生产压差过大。

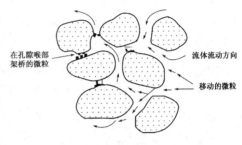

图3-2 微粒运移堵塞示意图

临界流速与下面因素有关：

（1）油气层的成岩性、胶结性和微粒粒径；

（2）孔隙几何形状和流道表面粗糙度；

（3）岩石和微粒的润湿性；

（4）液体的离子强度和 pH 值；

（5）界面张力和流体黏滞力；

（6）温度影响。

影响微粒运移并引起堵塞的因素有：

（1）颗粒级配和颗粒浓度是影响颗粒堵塞的主要因素，当颗粒尺寸接近于孔隙尺寸的1/3到1/2时，颗粒很容易形成堵塞，颗粒浓度越大，越容易形成堵塞；

（2）孔壁越粗糙，孔道弯曲度越大，微粒碰撞孔壁越易发生，颗粒堵塞孔道的可能性越大；

（3）流体流速（生产压差）越高，不仅越易发生颗粒堵塞，而且形成堵塞的强度越大；

（4）流速方向不同，对微粒运移堵塞也有影响。

2. 油气层流体产生无机和有机沉淀物造成伤害

油气层流体在采出过程中，必须具有一定的生产压差，这就会引起近井地带的地层压力低于油气层的原始地层压力，从而形成无机和有机沉淀物而堵塞油气层，产生结垢伤害。此时，生成无机和有机垢可能与流体不配伍时生产的垢相同，但是，垢形成的机理却不相同。压力降低时的结垢机理为：

（1）无机垢的形成是由于油层压力的下降，它的流体中气体不断脱出，在脱气之前，油层中的 CO_2 以一定比例分配在油、水两相之中，脱气之后 CO_2 就分配在油、气、水三相中，使得水相中的 CO_2 量大大减小，CO_2 的减少可使地层水的 pH 值升高，这将有利于地层水中 HCO_3^- 的解离，使平衡向 CO_3^{2-} 浓度增加的方向移动，促使更多的 $CaCO_3$ 沉淀生成；

（2）有机垢的生成是因油气层压力降低，使原油中的轻质组分和溶解气挥发，使蜡在原油中的溶解度降低，促使石蜡沉积，造成堵塞。

3. 产生应力敏感性伤害

油气层岩石在井下受到上覆岩石压力 p_v 和孔隙流体压力（即地层压力 p_r）的共同作用。上覆岩石压力仅与埋藏深度和上覆岩石的密度有关，对于某点岩石而言，上覆岩石压力可以认为是恒定的。油气层压力则与油气井的开采压差和时间有关，随着开采的进行，由于生产压差的作用油气层压力下降。这样岩石的有效应力 $\sigma = p_v - p_r$ 就增加，使孔隙流道被压缩，尤其是裂缝—孔隙型流道更为明显，导致油气层渗透率下降而造成应力敏感性伤害。影响应力敏感伤害的因素是：压差、油气层自身的能量和油气藏的类型。

4. 压漏油气层造成伤害

当作业的液柱压力太大时，有可能压裂油气层，使大量的作业液漏入油气层而产生伤害。影响这种伤害的主要因素有：作业压差和地层的性质。

5. 引起出砂和地层坍塌造成伤害

当油气层较疏松时，若生产压差太大，可能引起油气层大量出砂，进而造成油气层坍塌，产生严重的伤害。因此，当油气层较疏松时，在没有采取固砂措施之前，一定要控制使用适当的压力进行开采。

6. 加深油气层伤害的深度

当作业压差较大时，在高压差的作用下，进入油气层的固相量和滤液量必然较大，相应的固相伤害和液相伤害的深度加深，从而加大油气层伤害的程度。

（二）温度变化引起的油气层伤害

温度变化可能引起如下两方面的油气层伤害。

1. 增加伤害程度

一般说油气层的温度越高，这种油气层表现出的各种敏感性的伤害程度就越强，并且温度越高，各种作业液的黏度就越低，作业液的滤液就更容易进入油气层，从而导致更为严重的伤害。

2. 引起结垢伤害

温度变化时，也可能引起无机垢和有机垢沉淀，从而造成油气层伤害。此时的伤害机理为：当温度降低时，使放热沉淀反应生成的沉淀物（如 $BaSO_4$）的溶解度降低，析出无机沉淀，当原油的温度低于石蜡的初凝点时，石蜡将在油气层孔道中沉积，导致有机垢的形成；当温度升高时，使吸热沉淀反应（如生成 $CaCO_3$、$CaSO_4$ 的沉淀反应）更容易发生，从而有可能引起无机垢伤害。

（三）生产或作业时间对油气层伤害的影响

生产或作业时间对油气层的伤害可产生如下两方面的影响：一方面生产或作业时间延长，油气层伤害的程度增加，如细菌伤害的程度随时间的增长而增加，当工作液与油气层不配伍时，伤害的程度随时间的延长而加剧；另一方面影响伤害的深度，如钻井液、压井液等工作液，随着作业时间的延长，滤液侵入量增加，滤液伤害的深度加深。

油气层自钻开直至开采枯竭的任何作业中都可能发生伤害，且每一种作业的伤害原因可能是多种，所以油气层伤害原因是非常复杂的，其复杂性表现在以下几个方面：

（1）油气层伤害原因的多样性。在油气田的开发过程中，有时可能存在几种伤害原因并存的情况。

（2）油气层伤害原因的相互联系性。在油气田的开采过程中，有时不同的油气层伤害原因存在着相互联系。

（3）油气层伤害原因具有动态性。油气层在钻开以后到开采枯竭这个时期内，它的油气水分布和含量、孔隙结构、敏感性矿物的状态都是在不断变化的，即油气层潜在伤害因素是变化的，这样就导致了油气层伤害原因具有动态性。

油气层伤害是非常复杂的，在进行油气层保护时要完全防止各种伤害，一般来说，在工艺或技术上是很难实现的。为了推荐和制订切实可行的保护技术，在分析各个作业的油气层伤害原因时，要用系统工程方法找出主要的伤害作业过程；在分析具体作业中油气层伤害原因时，要找出主要伤害原因。

本章介绍了油气层由于潜在伤害因素和外因作用下引起的油气层伤害。油气层伤害原因非常复杂，为了进一步完善油气层伤害机理的研究，需要加深水锁、润湿反转、乳化堵塞这些方面的研究。随着油气层伤害机理研究工作的深入，所需数据、资料的量也会显著的增加，这就要求用计算机建立数据库、资料库、知识库，利用专家系统来研究油气层伤害的机理，从而认识和诊断油气层伤害原因及伤害过程，以便为推荐和制订各项保护油气层和解除油气层伤害的技术措施提供科学依据。

知 识 拓 展

岩石比面测定见微课1。

微课1 岩石比面测定

复习思考题

1. 什么是油气层伤害？产生油气层伤害的原因是什么？

2. 敏感性矿物的含量与伤害程度的关系是什么？

3. 与油气层潜在伤害因素有关的表面性质有哪些？简述各表面性质与油气层伤害的关系。

4. 外界流体进入油气层可引起哪四方面的伤害？

5. 油气层伤害的原因是非常复杂的，其复杂性主要表现在哪几个方面？

第四章
钻井过程中的保护油气层技术

在钻井过程中,防止油气层伤害是保护油气层系统工程的第一个重要环节,其目的是交给试油或采油部门一口无伤害或低伤害、固井质量优良的油气井。油气层伤害具有累加性,钻井过程中对油气层的伤害不仅影响油气层的发现和油气井的初期产量,还会对今后各项作业伤害油层的程度以及作业效果带来影响。做好钻井过程中的保护油气层工作,对提高勘探、开发经济效益至关重要,因此必须把好这一关。

第一节　油气层伤害原因分析

一、钻井液的影响

钻开油气层时,在正压差、毛管压力的作用下,钻井液的固相进入油气层造成孔喉堵塞;其液相进入油气层破坏油气层原有的平衡,从而诱发油气层潜在伤害因素,造成渗透率下降。

钻井过程中,由于钻井液的原因,油气层会受到一定的伤害,具体可以从以下五个方面进行分析。

(一)钻井液中分散相颗粒堵塞油气层

1.固相颗粒堵塞油气层

钻井液中存在多种固相颗粒,如膨润土、加重剂、堵漏剂、暂堵剂、钻屑和处理剂的不溶物及高聚物鱼眼等。钻井液中小于油气层孔喉直径或裂缝宽度的固相颗粒,在钻井液有效液柱压力与地层孔隙压力之间形成的压差作用下,进入油气层孔喉和裂缝中形成堵塞,造成油气层伤害。伤害的严重程度随钻井液中固相含量的增加而加剧(图4-1),特别是分散得十分细的膨润土的含量影响最大。其伤害程度与固相颗粒尺寸大小、级配及固相类型有关。固相颗粒侵入油气层的深度随压差增大而加深。

2.乳化液滴堵塞油气层

对于水包油或油包水钻井液,不互溶的油水两相在有效液柱压力与地层孔隙压力之间形成的压差作用下,可进入油气层的孔隙空间形成油—水段塞;连续相中的各种表面活性剂还会导致油气层岩心表面的润湿反转,造成油气层伤害。

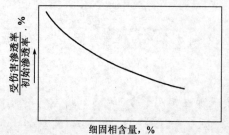

图4-1　钻井液中固相对地层渗透率的影响

（二）钻井液滤液与油气层岩石不配伍

钻井液滤液与油气层岩石不配伍诱发以下五方面的油气层潜在伤害因素。

（1）水敏。当低抑制性钻井液滤液进入水敏性油气层时，引起黏土矿物水化、膨胀、分散，这是产生微粒运移的伤害源之一。

（2）盐敏。滤液矿化度低于盐敏的低限临界矿化度时，可引起黏上矿物水化、膨胀、分散和运移。当滤液矿化度高于盐敏的高限临界矿化度时，也有可能引起黏土矿物土水化收缩破裂，造成微粒堵塞。

（3）碱敏。高 pH 值滤液进入碱敏油气层，引起碱敏矿物分散、运移堵塞及溶蚀结垢。

（4）润湿反转。当滤液含有亲油表面活性剂时，这些表面活性剂就有可能被亲水岩石表面吸附，引起油气层孔喉表面润湿反转，由亲水性转变为亲油性，造成油气层油相渗透率降低。图 4-2 为岩层表面吸附表面活性剂而发生润湿反转示意图。

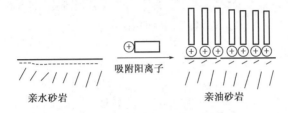

亲水砂岩　　　　　吸附阳离子　　　　　亲油砂岩

图 4-2　润湿反转伤害示意图

（5）表面吸附。滤液中所含的部分高分子处理剂被油气层孔隙或裂缝表面吸附，缩小孔喉或孔隙尺寸。

（三）钻井液滤液与油气层流体不配伍

钻井液滤液与油气层流体不配伍可诱发油气层潜在伤害因素，产生以下五种伤害。

（1）形成无机盐沉淀。滤液中所含无机离子与地层水中无机离子作用形成不溶于水的盐类，例如含有大量碳酸根、碳酸氢根的滤液遇到高含钙离子的地层水时，形成碳酸钙沉淀。

（2）形成处理剂不溶物。当地层水的矿化度和钙、镁离子浓度超过滤液中处理剂的抗盐和抗钙、镁能力时，处理剂就会盐析而产生沉淀。例如腐殖酸钠遇到地层水中钙离子，就会形成腐殖酸钙沉淀。

（3）发生水锁效应。对于两相液流，其中一相以液滴或液珠形式分散于另一相中，当水滴流经直径细小的孔喉时，由于毛管压力增大，水滴在孔喉处滞留，这种现象称为水锁效应或贾敏效应。在低孔、低渗气层中水锁效应最为严重。

（4）形成乳化堵塞。特别是使用油基钻井液、油包水钻井液、水包油钻井液时，含有多种乳化剂的滤液与地层中的原油或水发生乳化反应，可造成孔道堵塞。

（5）细菌堵塞。滤液中所含的细菌进入油气层，如油气层环境适合其繁殖生长，体积膨胀，就有可能造成喉道堵塞。

（四）钻井液性能

钻井液性能好坏与油气层伤害程度紧密相关。因为钻井液固相和液相进入油气层的深度及伤害程度均随钻井液静滤失量、动滤失量、HTHP 滤失量的增大和泥饼质量变差而增加。钻井过程中起下钻、开泵所产生的激动压力随钻井液的塑性黏度和动切力增大而增加。此外,井壁坍塌压力随钻井液抑制能力的减弱而增加,维持井壁稳定所需钻井液密度就要随之增高,若坍塌层与油气层在一个裸眼井段,且坍塌压力又高于油气层压力,则钻井液液柱压力与油气层压力之差随之增高,就有可能使伤害加重。

在各种特殊轨迹的井眼(定向井、丛式井、水平井、大位移井、多目标井等)的钻井作业中,钻井液性能的优劣对油气层伤害的间接影响更加显著。除了上述已经阐述的钻井液的流变性、滤失性和抑制性外,钻井液的携带能力和润滑性能直接影响着进入油气层井段后作业时间的长短,钻井液不合理的携带能力和润滑性能将使钻井液对油气层的浸泡时间延长,使油气层伤害加剧。

(五)相渗透率变化引起的伤害

钻井液滤液进入油气层,改变了井壁附近地带的油气水分布,导致油相渗透率下降,增加油流阻力。对于气层,液相(油或水)侵入,能在油气层渗流通道的表面吸附而减小气体渗流截面积,甚至使气体的渗流完全丧失,即导致液相圈闭。

二、工程参数的影响

钻井过程伤害油气层的严重程度不仅与钻井液类型和组分有关,而且随钻井液固相和液相与岩石、地层流体的作用时间和侵入深度的增加而加剧。影响作用时间和侵入深度主要是工程因素,这些因素可归纳为以下三个方面。

(一)压差

压差是造成油气层伤害的主要因素之一。通常钻井液的滤失量随压差的增大而增加,因而钻井液进入油气层的深度和伤害油气层的严重程度均随正压差 Δp 的增加而增大(图4-3)。此外,当钻井液有效液柱压力超过地层破裂压力或钻井液在油气层裂缝中的流动阻力时,钻井液就有可能漏失至油气层深部,加剧对油气层的伤害。负压差可以阻止钻井液进入油气层,减少对油气层伤害;但是在中途测试或负压差钻进时,选用的负压差过大,可诱发油气层速敏,引起油气层出砂及微粒运移、裂缝型地层的应力敏感和有机垢的形成,反而会对油气层产生伤害。

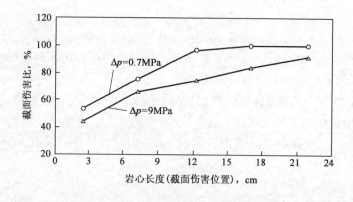

图4-3 地层渗透率的伤害比与压差的关系

压差过高对油气层伤害的危害已被国内外许多实例所证实。美国阿拉斯加普鲁德霍湾油田针对油井产量进行过调研,其结论是:在钻井过程中,由于超平衡压力条件下钻井促使固相或液相侵入油气层,渗透率下降10% ~75%。

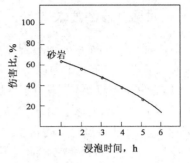

图4-4　地层伤害比与浸泡时间的关系
$\Delta p = 5 \text{MPa}; T = 70℃; V_f = 0.8 \text{m/s}$

(二)浸泡时间

当油气层被钻开时,钻井液固相或滤液在压差作用下进入油气层,其进入量及进入深度及对油气层伤害的程度均随钻井液浸泡油气层时间的增长而增加(图4-4),浸泡时间对油气层伤害程度的影响不可忽视。

(三)环空返速

环空返速越大,钻井液对井壁泥饼的冲蚀越严重。因此,钻井液的动滤失量随环空返速 D 的增高而增加(图4-5),钻井液固相和滤液对油气层侵入深度及伤害程度也随之增加。此外,钻井液当量密度随环空返速增加而增加,因而钻井液对油气层的压差也随之增大,伤害加剧。

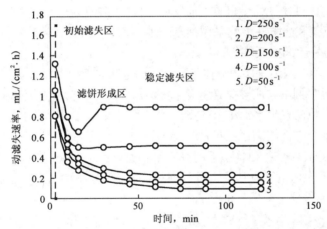

图4-5　不同环空返速下动滤失速率与时间的关系曲线

第二节　保护油气层的钻井液

钻井液是石油工程中最先与油气层相接触的工作液,其类型和性能好坏直接关系到对油气层的伤害程度,因而优化钻井液技术是做好保护油气层工作的首要技术环节。我国通过"七五"攻关和"八五""九五"推广应用与发展,保护油气层钻井液技术已从初级阶段(仅控制进入油气层的钻井液密度、滤失量和浸泡时间)进入到比较高级的阶段。针对不同类型油气层,基本形成了系列的钻井液以保护油气层。

一、对钻井液的要求

钻井液不仅要满足安全、快速、优质、高效的钻井工程施工需要,而且要满足保护油气层的技术要求。这些要求归纳为以下几个方面:

(1)钻井液密度可调,满足不同压力油气层的钻井的需要。我国油气层压力系数从0.40到2.87,部分低压、低渗、岩石坚固的油气层,需采用负压差钻进来减少对油气层的伤害。因此,必须研究出从接近空气的密度到3.0g/cm³的不同类型钻井液,才能满足各种需要。

(2)钻井液中固相颗粒与油气层渗流通道匹配。钻井液中除保持必需的膨润土、加重剂、暂堵剂等外,应尽可能降低钻井液中膨润土和无用固相的含量。依据所钻油气层的孔喉直径,选择匹配的固相颗粒尺寸大小、级配和数量,用以控制固相侵入油气层的数量与深度。此外,还可以根据油气层特性选用暂堵剂,在油井投产时再进行解堵。对于固相颗粒堵塞会造成油气层严重伤害且不易解堵的井,钻开油气层时,应尽可能采用无固相或无膨润土相的钻井液。

(3)钻井液与油气层岩石相配伍。对于中、强水敏性油气层应采用不引起黏土水化膨胀的强抑制性钻井液,例如氯化钾钻井液、钾铵基聚合物钻井液、甲酸盐钻井液、两性离子聚合物钻井液、阳离子聚合物钻井液、正电胶钻井液、油基钻井液和油包水钻井液等。对于盐敏性油气层,钻井液的矿化度应控制在两个临界矿化度之间。对于碱敏性油气层,钻井液的pH值应尽可能控制在7~8;如需调控pH值,最好不用烧碱作为碱度控制剂,可用其他种类的、对油气层伤害程度低的碱度控制剂,对于非酸敏油气层,可选用酸溶处理剂或暂堵剂。对于速敏性油气层,应尽量降低压差和严防井漏。采用油基或油包水钻井液、水包油钻井液时,最好选用非离子型乳化剂,以免发生润湿反转等。

(4)钻井液滤液组分与油气层中流体相配伍。确定钻井液配方时,应考虑以下因素:滤液中所含的无机离子和处理剂不与地层中流体发生沉淀反应;滤液与地层中流体不发生乳化堵塞作用;滤液表面张力低,以防发生水锁作用;滤液中所含细菌在油气层所处环境中不会繁殖生长。

(5)钻井液的组分与性能满足保护油气层的需要。所用各种处理剂对油气层渗透率影响小。尽可能降低钻井液处于各种状态下的滤失量及泥饼渗透率,改善流变性,降低当量钻井液密度和起下管柱或开泵时的激动压力。此外,钻井液的组分还必须有效地控制处于多套压力层系裸眼井段中的油气层可能发生的伤害。

二、钻井液类型

为了达到上述要求,减少对油气层的伤害,通过多年努力,我国已形成四大类钻井液。

(一)水基钻井液

由于水基钻井液具有成本低、配置处理维护简单、处理剂来源广、可供选择的类型多、性能容易控制等优点,并具有较好的保护油气层效果,因此是国内外钻开油气层的常用钻井液体系。按其组分与使用范围又可分为如下九种。

1. 无固相清洁盐水钻井液

无固相清洁盐水钻井液不含膨润土和其他人为加入的固相,其密度靠加入不同数量和不同种类的可溶性盐进行调节,密度可在1.00~2.30g/cm³范围内(表4-1);加入对油气层无伤害(或低伤害)的聚合物来控制其滤失量和黏度;为了防腐,应加入对油气层不发生伤害或伤害程度低的缓蚀剂。

表 4 - 1　各类盐水液所能达到的最大密度

可溶性盐	盐的质量浓度,%	在 21 ℃ 时的密度,g/cm³
KCl	26	1.07
NaCl	26	1.17
KBr	39	1.20
HCOONa	45	1.34
HCOOK	76	1.60
HCOOCS	83	2.37
CaCl₂	38	1.37
NaBr	45	1.39
NaCl/NaBr	—	1.49
CaCl₂/CaBr₂	60	1.50
CaBr₂	62	1.81
ZnBr₂/CaBr₂	—	1.82
CaCl₂/CaBr₂/ZnBr₂	77	2.30

无固相清洁盐水钻井液可以大大降低固相堵塞伤害和水敏伤害,但仅适用于套管下至油气层顶部,油气层为单一压力体系的裂缝型油层或强水敏油层。此种钻井液已在长庆、中原、华北、辽河等油田个别井上使用,取得较好效果。由于此种钻井液具有成本高、工艺复杂、对处理剂要求苛刻、固控设备要求严格、腐蚀较严重和易发生漏失等问题,故很少用作钻井液,只在射孔液与压井液中使用较为广泛。

2. 水包油钻井液

水包油钻井液是将一定量油分散于清水或不同矿化度盐水中,形成以水为分散介质、油为分散相的无固相水包油钻井液。其组分除油和水外,还有水相增黏剂,主、辅乳化剂。其密度可通过调节油水比以及加入不同数量和不同种类的可溶性盐来调节,最低密度可达 $0.89g/cm^3$。水包油钻井液的滤失量和流变性能可通过在油相或水相中加入各种低伤害的处理剂来调节,此种钻井液特别适用于技术套管下至油气层顶部的低压、裂缝发育、易发生漏失的油气层。此种钻井液已成功地用于辽河静北古潜山油藏,新疆火烧山和夏子街油田。

3. 无膨润土暂堵型聚合物钻井液

无膨润土暂堵型聚合物钻井液由水相、聚合物和暂堵剂固相粒子组成。其密度依据油气层孔隙压力,采用不同种类和加量的可溶性盐来调节(但需注意不要诱发盐敏)。其流变性能通过加入低伤害聚合物和高价金属离子来调控,滤失量可通过加入各种与油气层孔喉直径相匹配的暂堵剂来控制,这些暂堵剂在油气层中形成内泥饼,阻止钻井液中固相或滤液继续侵入。此种钻井液在使用过程中必须加强固控工作,减少无用固相的含量。我国现有的暂堵剂按其可溶性和作用原理可分为四类。

(1)酸溶性暂堵剂:常用的有细目或超细目碳酸钙、碳酸铁等能溶于酸的固相颗粒。油井投产时,可通过酸化消除油气层井壁内、外泥饼而解除这种固相堵塞。此类暂堵剂不宜用于酸敏油气层。

（2）水溶性暂堵剂：常用的有细目或超细目氯化钠和硼酸盐等。它仅适用于加有盐抑制剂与缓蚀剂的饱和盐水体系。所用饱和盐水要根据所配体系的密度大小加以选择。例如，低密度体系用硼酸盐饱和盐水或其他低密度盐水作基液，体系密度为 $1.03 \sim 1.20 g/cm^3$。氯化钠盐粒加入到密度 $1.20 g/cm^3$ 饱和盐水中，其密度范围为 $1.20 \sim 1.56 g/cm^3$。选用高密度体系时，需选用氯化钙、溴化钙和溴化锌饱和盐水，然后再加入氯化钙盐粒，密度可达 $1.5 \sim 2.3 g/cm^3$。此类暂堵剂可在油井投产时，用低矿化度水溶解各种盐粒解堵。

（3）油溶性暂堵剂：常用的为油溶性树脂、石蜡、沥青类产品等。按其作用可分为两类：一类是脆性油溶性树脂，它主要用作架桥粒子。这类树脂有油溶性聚苯乙烯，在邻位或对位上有烷基取代的酚醛树脂、二聚松香酸等。另一类是可塑性油溶性树脂，它的微粒在压差下可以变形，在使用中作为填充粒子。这类油溶性树脂有乙烯—醋酸乙烯树脂，乙烯—丙烯酸酯、石蜡、磺化沥青、氧化沥青等。此类暂堵剂可由地层中产出的原油或凝析油溶解而解堵，也可注入柴油或亲油的表面活性剂加以溶解而解堵。

（4）单向压力暂堵剂：常用有改性纤维素或各种粉碎为极细的改性果壳、改性木屑等。此类暂堵剂在压差作用下进入油气层，以其与油气层孔喉直径相匹配的颗粒堵塞孔喉。当油气井投产时，油气层压力大于井内液柱压力，在反方向压差作用下，将单向压力暂堵剂从孔喉中推出、实现解堵。

上述各类暂堵剂依据油气层特性可以单独使用，也可联合使用。无膨润土暂堵型钻井液通常只宜使用在技术套管下至油气层顶部，而且油气层为单一压力系统的井。此种钻井液尽管有许多优点，但成本高，使用条件较苛刻，故在实际钻井过程中使用不多。我国辽河油田稠油先期防砂井、古潜山裂缝型油田和中原、二连与长庆低压低渗油田所钻的井上使用过此类钻井液。

4. 低膨润土聚合物钻井液

膨润土对油气层会带来危害，但它能给钻井液提供所必需的流变性和低的滤失量，并可减少钻井液所需处理剂加量，降低钻井液成本。此类钻井液的特点是尽可能降低了其中膨润土的含量，使其既能使钻井液获得安全钻进所必需的性能，又能避免对油气层产生较大的伤害。钻井液与油气层的配伍性及所必需的流变性能与滤失性能可通过选用不同种类的聚合物和暂堵剂来达到。此类钻井液已在我国华北、二连、中原、长庆、四川、江汉等油田低压低渗油气层或碳酸盐裂缝型油气层的部分井中使用，取得较好效果。

5. 改性钻井液

我国大部分油井均采用长段裸眼钻开油气层，技术套管没能封隔油气层以上地层，为了减少对油气层的伤害，在钻开油气层之前，对钻井液进行改性，使其与油气层特性相匹配，避免诱发或者减少诱发油气层潜在伤害因素，其改性途径为：

（1）降低钻井液中膨润土和无用固相含量，调节固相颗粒级配。

（2）按照所钻油气层特性调整钻井液配方，尽可能提高钻井液与油气层岩石和流体的配伍性。

（3）选用合适类型的暂堵剂及加量。

（4）降低静、动、HTHP滤失量，改善流变性与泥饼质量。

此种钻井液在国内外广泛被用作钻开油气层的钻井液，因为它的成本低，应用工艺简单,对井身结构和钻井工艺没有特殊要求,对油气层伤害程度较低。华北油田在岔12与39断块、宁50-20与50-29区块、路30井上使用改性钻井液,完井后测试结果表明属于轻微伤害。

6. 正电胶钻井液

正电胶钻井液是一类用混合金属氢氧化物(mixed metal hydroxide,MMH)处理的钻井液,其保护油气层的作用是在生产实践中被发现的,正电胶钻井液保护油气层的机理仅有一些推测,大致上有以下几个方面:

(1)正电胶钻井液特殊的结构与流变学性质。正电胶钻井液通过正负胶粒极化水分子形成复合体,在毛细管中呈整体流动,像一块"豆腐块",很容易反排出来。它不同于其他钻井液体系,其他钻井液体系基本上是通过负电性稳定钻井液,钻井液在流动中,不同粒径的颗粒可进入不同大小的毛细管,直到卡死为止。这样反排起来就很困难,造成渗透率不容易恢复。华北油田与塔里木石油勘探开发指挥部都曾测定过钻井液中的粒度分布,最后得出一致的结论——正电胶钻井液中亚微米粒子很少。这一方面可能是抑制性所致,另一方面很有可能是亚微米粒子在形成复合体的过程中,已无法单独存在了。

(2)正电胶对岩心中黏土颗粒膨胀的强烈抑制作用。正电胶具有相当强的抑制黏土膨胀的能力,这有利于稳定岩心中毛细管的形态。"硬化"的毛细管有利于液体的排出。

(3)整个钻井液体系中分散相粒子的负电性减弱。正电胶钻井液体系的负电性是较弱的。正电胶含量越高,体系越接近中性,惰性越强,有利于岩心中毛细管的稳定。

7. 甲酸盐钻井液

甲酸盐钻井液是指以甲酸钾、甲酸钠、甲酸铯为主要材料所配制的钻井液,其基液的最高密度可达 $2.37g/cm^3$,可根据油气层的压力和钻井液的设计要求予以调节,并且在高密度条件下,可以方便地实现低固相、低黏度。高矿化度的盐水能预防大多数油气层的黏土水化膨胀、分散运移,同时,以甲酸盐配制的盐水不含卤化物,不需缓蚀剂,腐蚀速率极低。由于能有效地实现低固相、低黏度、低油气层伤害、低腐蚀速率和低环境污染,是最近几年发展较快的一种钻井液体系。

8. 聚合醇钻井液

聚合醇钻井液因钻井液体系中使用聚合醇而得名。聚合醇保护油气层的作用机理是:在浊点温度以下,聚合醇与水完全互容,呈溶解态;当体系温度高于浊点温度时,聚合醇以游离态分散在水中,这种分散相就可作为油溶性可变形粒子起封堵作用。由于聚合醇的浊点温度与体系的矿化度、聚合醇的分子量有关,将浊点温度调节到低于油气层的温度,就可以借助聚合醇在水中有浊点的特点实现保护油气层的目的。

9. 屏蔽暂堵钻井液

当长裸眼井段中存在多套压力层系地层时,例如:(1)上部井段存在高孔隙压力或处于强地应力作用下的易坍塌泥岩层或易发生塑性变形的盐膏层和含盐膏泥岩层,下部为低压油气层;(2)多套低压油气层与高孔隙压力的易坍塌泥岩层互层;(3)老油区因采油或注水形成过高压差而引起的油气层伤害。因为同在一个裸眼井段中,为了顺利钻进,钻井液密度必须按裸眼井段中所存在最高孔隙压力来确定,否则就会发生井塌等井下复杂情况(轻则增加钻井时间,重则导致油井报废),而这样做的结果又必然对低压油气层形成过高压差。使用屏蔽暂堵钻井液可解决此项技术难题。

（二）油基钻井液

油基钻井液以油为连续相,其滤液为油,能有效地避免油层的水敏作用,降低对油气层伤害程度,并具备钻井工程对钻井液所要求的各项性能,是一种较好的钻井液。但由于成本高、对环境易产生污染、容易发生火灾等原因,使其在我国现场使用受到限制。

油基钻井液对油气层仍然可能发生以下几方面伤害:使油层润湿反转,降低油相渗透率;与地层水形成乳状液堵塞油层;油气层中亲油固相颗粒运移和油基钻井液中固相颗粒侵入等。为了减少或避免上述伤害,一般对于砂岩油气层,应尽量避免使用亲油性较强的阳离子型表面活性剂,最好是在非离子型和阴离子型表面活性剂中进行筛选,或者采用无液体乳化剂的全油钻井液。

（三）气体类流体

对于低压裂缝油气田、稠油油田、低压强水敏或易发生严重井漏的油气田及枯竭油气田,其油气层压力系数往往低于0.8,为了降低压差的伤害,需要选择密度低于$1.0g/cm^3$的钻井流体来实现近平衡或欠平衡压力钻井。气体类流体密度小,无固相液相,从而减少对油气层的伤害,通常在负压条件下钻进,因而能有效地钻穿易漏失地层,减轻由于正压差过大而造成的油气层伤害。气体类流体以气体为主要组分来实现低密度。该类流体可分为空气流体、雾、泡沫流体和充气钻井液四种。

1. 空气流体

彩图4-1 四川普光气田空气钻井施工现场

空气流体是由空气或天然气、防腐剂、干燥剂等组成的循环流体。由于空气密度最低,常用来钻已下过技术套管的下部漏失地层、强敏感性油气层和低压油气层。此种流体密度最低,负压钻进,本身又不含固相和液相,因而可最大限度地减轻对油气层的伤害。使用空气流体钻井时机械钻速可增大3～4倍,具有钻速快、钻时短、钻井成本较低等特点。但该类流体的使用,受到井壁不稳定、地层出水、井深等问题的限制,并且需在井场配备大排量的空气压缩机等专用设备。四川普光气田空气钻井施工现场如彩图4－1所示。

2. 雾

雾是由空气、发泡剂、防腐剂和少量水混合组成的流体,是空气钻井和泡沫钻井之间的一种过渡。当钻遇地层液体(如盐水层)而不宜再继续使用于空气作为循环介质时,则可转化为此种钻井流体。即当钻遇地层流体进入井中(其流量小于$23.85m^3/h$)而不能再继续采用空气作为循环流体钻进时,可向井内注入少量发泡液,使返出岩屑、空气和液体呈雾状。其压力低,对油气层伤害程度低,保护油气层的原理与空气钻井流体类似。雾作为钻井流体,适用于钻开低压、易漏失和强水敏性的油气层。

3. 泡沫流体

泡沫流体是由空气(或氮气、天然气等)、淡水(或咸水)、发泡剂和稳泡剂等组成的密集细小气泡,气泡外表为强度较大的液膜包围而成的一种气—水型分散体系,它在较低速度梯度下有较高的表观黏度,具有较好携屑能力。泡沫流体密度范围一般为$0.03～0.09g/cm^3$,钻井时呈负压状态,再加上泡沫中液体含量少,因此可大大减少滤液和固相进入油气层的机会。由于钻进时其环空流速高达 30 ~ 100m/min，又由于泡沫自身具有较高的黏度，其携屑能力是水的 10 倍，是常规钻井液的 4 ~ 5 倍，这样可保证井内的岩屑颗粒能及时地携出井口，从而减少了固相颗粒进入油气层的机会。泡沫流体与油气层有较好的配伍性，能有效地对付地层水，并且抗污染能力强。泡沫作为循环流体只能使用一次，不可循环利用，因此所携出的岩屑颗粒不可能重新进入地层。使用泡沫流体钻井时，机械钻速高，泡沫与油气层的接触时间短。以上特点使稳定泡沫成为比较理想的保护油气层的钻井流体，特别适于钻低压油气层，也是目前欠平衡钻井中常使用的一种钻井流体。但是，泡沫流体的配制成本较高，对气液比要求严格，废泡沫存在排放问题，需配置一整套专用设备。

我国新疆、长庆等油田均已成功地使用此类流体。长庆油田在青 1 井首次在 3205 ~ 3232m 井段使用泡沫流体取心。但泡沫流体的使用受到许多条件的限制而没有推广应用。

4. 充气钻井液

充气钻井液以气体为分散相、液相为连续相，并加入稳定剂使之成为气液混合均匀而稳定的体系，用来进行充气钻井。此种钻井液经过地面除气器后，气体从充气钻井液中脱出，液相再进入钻井泵继续循环。

充气钻井液密度低，最低可达 $0.6g/cm^3$，携砂能力好，可用来钻进低压易发生漏失的油气层，实现近平衡压力钻井，减少压差对油气层的伤害。辽河油田与新疆石油管理局分别在高升和火烧山使用充气钻井液钻井，见到较好效果。但是，充气钻井因成本高、工艺复杂，故目前仅在少数特殊情况下使用。

（四）合成基钻井液

合成基钻井液是以人工合成或改性的有机物为连续相，盐水为分散相，再加入乳化剂、降滤失剂、流型改进剂、加重剂等组成。合成基钻井液有酯类、醚类、聚 α - 烯烃、醛酸醇、线性 α - 烯烃、内烯烃、线性石蜡、线性烷基苯等。合成基钻井液不与水混溶，不含芳香族化合物、环烷烃化合物和噻吩化合物，故该类钻井液无毒、可生物降解，对环境无污染，因而钻井污水、钻屑和废弃钻井液均可排放。

合成基钻井液具有油基钻井液的许多优点：润滑性好，摩阻力小；携屑能力强，井眼清洁；抑制性强，钻屑不易分散，井眼规则，不易卡钻，有利于井壁稳定；对油气层伤害程度低，不含荧光物质，解决了测井和试油资料解释等问题。此类钻井液已用来钻水平井和大位移井等，但成本高。

三、屏蔽暂堵技术

屏蔽暂堵技术是屏蔽暂堵保护油气层钻井液技术的简称，主要用来解决裸眼井段多压力层系地层保护油气层技术的难题。即利用钻进油气层过程中对油气层发生伤害的两个不利因素（压差和钻井液中固相颗粒），将其转变为保护油气层的有利因素，达到减少钻井液、水泥浆、压差和浸泡时间对油气层伤害的目的。

屏蔽暂堵技术的技术构思是利用油气层被钻开时，钻井液液柱压力与油气层压力之间形成的压差，在极短时间内，迫使钻井液中人为加入的各种类型和尺寸的固相粒子进入油气层孔喉，在井壁附近形成渗透率接近于零的屏蔽暂堵带。此暂堵带能有效地阻止钻井液、水泥浆中的固相和滤液继续侵入油气层，其厚度必须大大小于射孔弹射入深度（我国目前常用的射孔枪 89 枪能射穿 400mm 以上，102 枪射孔深度超过 700mm），以便在完井投产时，通过射孔解堵。

上述构思已被室内和现场试验所证实是切实可行的。从表 4 - 2 的室内试验数据可以看出,粒度分布合理的颗粒有可能在不同渗透率的油气层中形成渗透率接近于零的屏蔽暂堵带。此带渗透率随压差增加而下降(表4-3),其厚度小于30mm,小于射孔弹射入深度。为了进一步验证在实际钻井过程中,屏蔽暂堵带能否形成以及此带的真实厚度有多大,吐哈石油勘探开发指挥部在陵10-18井使用屏蔽暂暂钻井液钻开油层,并进行取心。通过对取出岩心的检测(表4-4),屏蔽环的渗透率均小于$1 \times 10^{-3} \mu m^2$,暂堵深度均在5.8mm至20.9mm之间,当切除岩心的屏蔽环带后,渗透率就可以恢复。

表4-2 暂堵效果及暂堵深度

岩心号	K_∞,$10^{-3} \mu m^2$	K_{w1},$10^{-3} \mu m^2$	K_{w2},$10^{-3} \mu m^2$	截长,cm	$K_切$,$10^{-3} \mu m^2$	恢复值,%
5-1	1089.23	985.31	0	2.83	982.19	99.68
3-10	316.87	293.15	0	2.51	291.09	99.30
2-8	78.23	63.18	0	2.63	59.38	93.99

注:K_{w1}—暂堵前用地层水测得的渗透率;K_{w2}—暂堵后用地层水测得的渗透率;$K_切$—被切后所剩岩心用地层水测得的渗透率。

表4-3 压差对屏蔽暂堵效果的影响

压差,MPa	暂堵后渗透率 K_{w2},$10^{-3} \mu m^2$	K_{w2}/K_{w1}
0.10	51.98	0.044
0.20	7.90	0.0067
0.30	1.19	0.0010
0.40	0.64	0.00054
0.50	0.63	0.00053

注:岩心原始水测渗透率 $K_{w1} = 1177.9 \times 10^{-3} \mu m^2$,孔隙率为34.80%,平均孔喉直径为14.90 μm。

表4-4 陵10-18井岩心屏蔽环强度及暂堵深度试验

岩心号	层位	井深,m	参数项	K_{w2} $10^{-3}\mu m^2$	K_1 $10^{-3}\mu m^2$	K_2 $10^{-3}\mu m^2$	K_3 $10^{-3}\mu m^2$	K_4 $10^{-3}\mu m^2$
18-8	S_3	2654.74~2655.11	渗透率,$10^{-3}\mu m^2$	0.34	15.92	18.42	18.68	—
			切长,cm	—	0.55	1.04	1.51	—
			驱替压力,MPa	5.5	0.11	0.08	0.073	
			伤害率,%	98	15	1		
18-9	S_3	2654.74~2655.11	渗透率,$10^{-3}\mu m^2$	0.11	12.28	16.28	24.94	21.73
			切长,cm	—	0.57	1.04	1.45	1.87
			驱替压力,MPa	7.8	0.14	0.095	0.058	0.058
			伤害率,%	99	45	25	-15	
18-10	S_3	2655.11~2655.43	渗透率,$10^{-3}\mu m^2$	0.27	5.50	5.44	5.19	—
			切长,cm	—	0.58	1.10	1.51	—
			驱替压力,MPa	7	0.33	0.29	0.285	—
			伤害率,%	95	-6	-5	—	—
18-19	S_3	2655.76~2656.07	渗透率,$10^{-3}\mu m^2$	0.98	29.03	30.42	—	—
			切长,cm	—	1.09	2.09	—	—
			驱替压力,MPa	2.1	0.06	0.046	—	—
			伤害率,%	97	5			

注:K_1、K_2、K_3、K_4 分别为切去不同长度岩心后的渗透率。

暂堵体系粒子级配:0~8.0 μm。其中,桥塞粒子直径为8.0 μm,可变形软粒子粒径为1.5~2.0 μm(含量1.4%),各级粒子总含量4.1%,温度为室温。

形成渗透率接近零的薄屏蔽暂堵带的技术要点:

(1)测定油气层孔喉分布曲线及孔喉的平均直径。

(2)按1/2~2/3孔喉直径选择架桥粒子(如超细碳酸钙、单向压力暂堵剂)的颗粒尺寸,使其在钻井液中含量大于3%(可用粒度计检测钻井液中固相的颗粒分布和含量)。

(3)按颗粒直径小于架桥粒子(约1/4孔喉直径)选用充填粒子,其加量大于1.5%。

(4)加入可变形的粒子,如磺化沥青、氧化沥青、石蜡、树脂等,加量一般为1%~2%,粒径与充填粒子相当。变形粒子的软化点应与油气层温度相适应。

屏蔽暂堵技术具体实施方案见图4-6。屏蔽暂堵技术适用于射孔完成井,此项技术已在全国多口井上推广应用,油井产量普遍得到提高。采用此项技术单井投入仅需再增加1~5万元,但可在油井投产后较短时间内通过所增产的原油来回收。

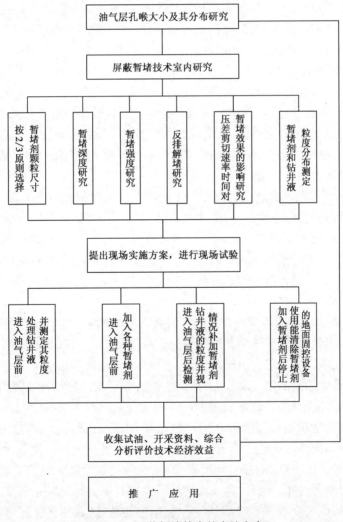

图4-6 屏蔽暂堵技术的实施方案

近几年,屏蔽暂堵技术已从常规的砂岩油藏延伸到特殊油气层:

(1)裂缝油气层是一类不同于常规砂岩油藏的特殊油气层,其特殊性在于这类油气层的油气渗流通道以裂缝为主,而钻井液对油气层的伤害不仅表现为对裂缝渗流通道的堵塞,而且钻井液与裂缝面基岩接触会对基岩造成伤害(这种伤害有可能延伸到油气层深部,对产能的影响尤为严重)。针对这一伤害特点,暂堵的要求必须满足近井壁,不进入裂缝更理想。而要实现暂堵要求,用压汞资料显然难于揭示裂缝的特征。构成该技术的一部分是裂缝暂堵的计算机模拟,还有一部分裂缝的面形扫描。

裂缝暂堵的计算机模拟首先将裂缝用二维模拟或三维模拟的方法在计算机中得到裂缝,即根据天然裂缝的特点,将裂缝的两个表面模拟成两个间距随机变化的曲线或曲面,并给出裂缝的统计裂缝宽度值,然后以不同的暂堵材料在计算机上进行暂堵的模拟实验,再据此组配暂堵剂进行实验验证。模拟结果表明:对于裂缝表面,实现稳定暂堵所需要的颗粒状粒子的直径应该达到裂缝平均宽度的 4/5 以上,复配一定量的非规则粒子(片状、棒状、纤维状、椭球状、纺锤状等)可以进一步提高暂堵的效果(如缩短暂堵时间、提高暂堵强度、提高反排效果等)。

由于裂缝表面的特殊性,由计算机模拟得到的裂缝能否代表真实的裂缝,还需要有真实的带裂缝的地层岩心予以验证,裂缝的面形扫描技术可以满足这一需求。该技术是将实际的裂缝两个表面的对应区域用激光扫描,将扫描所得转化为三维图形,再通过计算将其转化为地应力条件下的裂缝宽度。使用上述技术研制的裂缝暂堵剂已在四川和吐哈入井使用;效果良好。

(2)致密油气层是另一类不同于常规砂岩油气层的特殊油气层,这类油气层的特殊性在于基岩渗透率很低,滤液的侵入对这类油气层的产能有显著影响,同时,滤液的侵入是借助毛管压力的作用,是一种自发过程,即滤液与亲水的油气层岩石一接触就会自动侵入油气层形成阻止油气层流体进入井筒的液体屏障,造成油气层伤害。因此,降低这类油气层的主要途径是:一方面借助钻井液的内外泥饼控制滤失量,另一方面提高滤液黏度和降低钻井液滤液的表面张力减少钻井液滤液的侵入量。

(3)砂岩、石灰岩气藏与常规砂岩油藏的不同点在于油气层流体是气体,由于气体的流动黏滞系数远小于液体的黏滞系数,一旦液相在近井壁周围形成阻止油气层流体进入井筒的液体屏障(即水锁效应,又称液相圈闭),油气层伤害将很难消除,对这类油气层的保护重点是降低水锁效应、减少钻井液滤液的侵入,即在使用屏蔽暂堵技术的同时,用表面活性剂降低气—液—固界面的表面张力,通常亲水型表面活性剂可将表面张力降到 $30 \times 10^{-5} N/cm$ 以下,经过优选和复配后可以降得更低。

(4)疏松砂岩稠油油藏的特殊性在于油气层岩石胶结性差,存在比较显著的应力敏感性,在实施屏蔽暂堵技术时,不仅要将钻井液的分散相粒度分布调整到与油气层的孔喉分布相匹配,而且所使用的压差应尽量避免引起疏松油气层砂岩变化而导致应力敏感。在暂堵颗粒的选择上,由于疏松砂岩的孔喉尺寸比较大,按 2/3 架桥原理设计的钻井液固相粒度难于控制油气层揭开时大量钻井液的侵入(现场表现为进入油气层时会有少量的渗漏),即使架桥时间同样为 10~30s,而高渗地层将使侵入液体的总量会增加,因此架桥粒子的选择应该大于 2/3。我国渤海湾地区的油藏是比较典型的疏松砂岩油藏,常规钻井液的粒度最大为 50~60μm,不能满足储孔喉(喉径大于 100μm)的暂堵要求,将钻井液的粒度最大尺寸调节到 100μm 左右,并使粒度分布图形呈现双峰。经现场实验,达到了预期效果。有资料介绍:对于高渗透疏松砂岩油气层,钻井液的粒度分布呈双峰型是一种较理想的分布,其中的大尺寸部分用于快速架桥,小尺寸部分用于逐级填充。

在实施保护油气层技术时,许多实际的油气藏类型并不都是单一类型,针对不同的油气层类型,将保护不同类型油气层的技术予以有机的组合,形成了保护油气层钻井液的一系列新技术。以致密碎屑岩裂缝气藏为例,在考虑油气层保护钻井液时,须同时面对气藏、裂缝、致密,通过裂缝暂堵、降表面张力,并结合油气层改造,使川西致密碎屑岩裂缝气藏的评价和开发取得了显著的效益,进而形成了针对川西致密碎屑岩裂缝气藏的开发策略——保护与改造并举。实施效果见表4-5。

表4-5　马井区块油气层井段对比表

井号	射孔井段	层位	相对密度	岩性描述	孔隙度 ϕ %	渗透率 K $10^{-3}\mu m^2$	产能, $10^4 m^3/d$		完钻密度 g/cm^3	完钻井深 m
							压裂前	压裂后		
MP2	1446.5~1455	J_3^3p	1.54	浅灰褐灰色粗粉砂岩	11	6	0.5658	1.4889	1.65	1600
CM 601	1151.7~1156.1	J_3^4p	1.17 1.21	绿灰、褐灰色粉砂岩	14	8	0.4805	1.9347	1.65	1500
	1400.1~1410.1	J_3^3p	1.28 1.53	灰色、褐灰色细砂岩	17		0.6255	0.1774	1.65	1500
CM 602	1636.7~1642.2	J_3^2p	1.36 1.59	灰色、细砂岩	9	6	0.0656	0	1.78	1933
MP7	1344.0~11357.85	J_3^3p	1.32 1.38 1.56	灰绿色粉砂岩	15		0.07	2.16	1.77	1510
MP1	1086.00~1097.00	J_3^4p	1.29	浅绿灰色细砂岩				0		1650
	1457.00~1486.00	J_3^3p	1.40	灰褐色细粒砂岩				0		1650

从表4-5中可以看出:MP1井在钻井过程中有显示,但井投产后(压裂前后)基本无工业产能;MP2井在完井投产后,压裂前后产能由$0.5658\times10^4 m^3/d$增加到$1.4889\times10^4 m^3/d$,增加了约2.6倍;CM601井、CM602井在完井投产后,产能有增有减,上述几口井没有严格实施钻井过程的保护油气层技术,MP7井在钻井过程中,严格按照致密气层裂缝暂堵技术工艺实施,压裂前产能只有$0.07\times10^4 m^3/d$,压裂后产能达到了$2.16\times10^4 m^3/d$,为该区块当时的最大产能井之一。

第三节　保护油气层的钻井工艺技术

钻井过程中,针对钻井工艺技术措施中影响油气层伤害因素,可以采取降低压差、实现近平衡压力钻井、减少钻井液浸泡时间、优选环空返速、防止井喷井漏等措施来减少对油气层的伤害。

一、建立四个压力剖面

建立四个压力剖面,能为井身结构和钻井液密度设计提供科学依据。地层孔隙压力、破裂压力、地应力和坍塌压力是钻井工程设计和施工的基础参数,依据上述四个压力才有可能进行合理的井身结构设计,确定出合理的钻井液密度,实现近平衡压力钻井,从而减少压差对油气层所产生的伤害。

通过几十年的努力,我国已经建立起运用地震层速度法、声波时差法、dc 指数法、RFT 测井等方法求取地层孔隙压力。采用 Eaton 法、Staphen 法、Anderson 法、声波法、液压试验法等来预测或实测地层破裂压力。运用测井资料、实测地层岩石力学性能和破裂压力来计算地应力。再运用以上综合资料预测地层坍塌压力和控制盐膏层或含盐膏泥岩塑性变形所需的压力。

二、确定合理井身结构

确定合理井身结构是实现近平衡压力钻井的基本保证。井身结构设计原则有许多条,其中最重要的一条是满足保护油气层实现近平衡压力钻井的需要,因为我国大部分油气田均属于多压力层系地层,只有将油气层上部的不同孔隙压力或破裂压力地层用套管封隔,才有可能采用近平衡压力钻进油气层。如果不采用技术套管封隔,裸眼井段仍处于多压力层系。当下部油气层压力大大低于上部地层孔隙压力或坍塌压力时,如果用依据下部油气层压力系数确定的钻井液密度来钻进上部地层,则钻井中可能出现井喷、坍塌、卡钻等井下复杂情况,使钻井作业无法继续进行;如果依据上部裸眼段最高孔隙压力或坍塌压力来确定钻井液密度,尽管上部地层钻井工作进展顺利,但钻至下部低压油气层时,就可能因压差过高而发生卡钻、井漏等事故,并且因高压差而给油气层造成严重伤害。综上所述,选用合理的井身结构是实现近平衡钻进油气层的前提。

但实际钻井工程施工中,井身结构设计因经济效益或套管程序限制或井下压力系统不清楚等多种原因,难以确保裸眼井段仅处于一套压力系统之中。因而钻进多套压力层系地层,如何做好保护油气层工作是一个技术难题。

三、控制油气层的压差处于安全的最低值

实现近平衡压力钻井,要控制油气层的压差处于安全的最低值。平衡压力钻井是指钻井时井内钻井液柱有效压力 p_d 等于所钻地层孔隙压力 p_p,即压差 $\Delta p = p_d - p_p = 0$。此时,钻井液对油气层伤害程度最小。

钻进时:

$$p_d = p_m + p_a + \Delta p_w = p_p \qquad (4-1)$$

式中　p_m——钻井液静液柱压力,MPa;

　　　p_a——钻井液环空流动压力,MPa;

　　　Δp_w——钻井液中所含岩屑增加的压力值,MPa。

起钻时,如果不调整钻井液密度,则有:

$$p_d' = p_m - p_s < p_p \qquad (4-2)$$

式中　p_d'——井内钻井液柱有效压力,MPa;

　　　p_s——抽吸压力,MPa。

从式(4-2)清楚看出,当钻井液柱有效压力大大小于地层孔隙压力时,就可能发生井

喷和井塌等恶性事故。因而,在实际钻井作业中,为了既确保安全钻进,又尽可能将压差控制在安全的最低值,往往采取近平衡压力钻进,即井内钻井液静液压力略高于地层孔隙压力,即:

$$p_{\mathrm{m}} = Sp_{\mathrm{p}} = \frac{H\rho}{100} \tag{4-3}$$

式中 S——附加压力系数;

  H——井深,m;

  ρ——钻井液密度,g/cm³。

依据多次反复科学运算及多年现场试验验证,原中国石油天然气总公司颁发的"钻井泥浆技术管理规定"中明确规定:

(1)钻油水层时: $S = 0.05 \sim 0.10$;

(2)钻气层时: $S = 0.07 \sim 0.15$ 。

为了尽可能将压差降至安全的最低限,对一般井来说,钻进时努力改善钻井液流变性和优选环空返速,降低环空流动阻力与钻屑浓度;起下钻时,调整钻井液触变性,控制起钻速度,降低抽吸压力。对于地层孔隙压力系数小于0.8的低压油气层,可依据实际的地层孔隙压力,分别选用充气钻井、泡沫流体钻井、雾流体或空气钻井,降低压差,甚至可采用负压差钻井,减小对油气层的伤害。

四、降低浸泡时间

钻井过程中,油气层浸泡时间是指从钻开油气层开始直到固井结束的时间,包括纯钻进时间、起下钻接单根时间、处理事故与井下复杂情况时间、辅助工作与非生产时间、完井电测时间、下套管及固井时间。为了缩短浸泡时间,减少对油气层的伤害,可从以下几方面着手:

(1)采用优选参数钻井,并依据地层岩石可钻性选用合适类型的牙轮钻头或PDC钻头及喷嘴,提高机械钻速。

(2)采用与地层特性相匹配的钻井液,加强钻井工艺技术措施及井控工作,防止井喷、井漏、卡钻、坍塌等井下复杂情况或事故的发生。

(3)提高测井一次成功率,缩短完井时间。

(4)加强管理,降低机修、组停、辅助工作和其他非生产时间。

五、做好中途测试

为了尽早发现油气层,准确认识油气层的特性,正确评价油气层产能,中途测试是一项最有效打开新区勘探局面,指导下一步勘探工作部署的技术手段。大量事实表明,只要在钻井中采用与油气层特性相匹配的优质钻井波,中途测试就有可能获得油气层真实的自然产能。中途测试时,需依据地层特性选用负压差,但不宜过大,以防止油气层微粒运移或泥岩夹层坍塌。

表4-6列举某油田部分探井中途测试结果,除26井因钻井液选配不妥,油气层受到伤害外,其他各井油气层基本上没有受到伤害。1988—1994年,塔里木盆地29口重大油气发现井中,有20口井是中途测试发现的。

表4-6 某油田中途测试结果

井号	层位	井段，m	产量 油 t/d	产量 水 m³/d	有效渗透率 $10^{-3}\mu m^2$	表皮系数	堵塞比	钻开油层钻井液 类型	钻开油层钻井液 密度 g/cm³	钻开油层钻井液 滤失量 mL	钻开油层钻井液 浸泡时间 d
1	b_1	1676.6~1719.6	6.0	7.2	16.5	-1.9	0.562	聚磺钻井液	1.18~1.23	5	8
23	b_1	1566.23~1600	1.9	—	529.2	-0.59	0.83	XC完井液	1.02~1.03	3.3~4.6	5.4
23	b_1	1622.23~1644.5	153.9	—	78.4	-0.31	0.98	XC完井液	1.02~1.03	3.3~4.6	29
36	b_1	1334.56~1489.81	36.1	—	4.2	-1.98	0.57	聚合物完井液	1.03	4~4.5	—
55	b_1	1213.79~1260	10.8	65.9	—	—	—	聚合物完井液	1.03		
5	b_1	1151.2~1227.6	20.13	—	6.9	0.023	0.99	钾盐聚合物完井液	1.03	4	11
26	b_1	1824.26~1904.1	—	—		8.62	1.86	分散钻井液	1.25~1.31		30
9	b_1	1598.75~1684.36	0.42	82.8	0.14	-1.09	0.8	聚合物完井液	1.23	4	16
62	b_1	1786.27~1866.08	16.18	14.97	1.18	1.21	1.25	聚合物完井液	1.05	5	—
24	b_1	1692.85~1768.33	28.44	4.7	3.98	-1.24	0.74	聚合物完井液	1.04~1.05		

六、做好井控，防止井喷井漏

钻井过程中一旦发生井喷就会诱发出大量油气层潜在伤害因素，如因微粒运移产生速敏伤害、有机垢或无机垢堵塞、应力敏感伤害、油气水分布发生变化而引起相渗透率下降等，使油气层遭受严重伤害。如压井措施不当将加剧伤害程度。因而钻井过程应严格执行《石油与天然气钻井井控技术规定》，做好井控工作。某井井喷现场如视频4-1所示。

视频4-1 井喷现场

钻进油气层过程中，一旦发生井漏，大量钻井液进入油气层，造成固相堵塞，其液相与岩石或流体作用，诱发潜在伤害因素。因而钻进易发生漏失的油气层时，尽可能采用较低密度的钻井液保持近平衡压力钻进，也可预先在钻井液中加入能解堵的各种暂堵剂和堵漏剂来防漏。一旦发生漏失，尽量采用在完井投产时能用物理或化学解堵的堵漏剂进行堵漏。

七、多套压力层系地层的保护油气层钻井技术

前面已经阐述我国许多裸眼井段仍然存在多套压力层系，由于受到各种条件的制约，已不可能再下套管封隔油气层以上地层，因而在钻开油气层时难以实行近平衡压力钻井，压差所造成的油气层伤害难以控制。对此类地层可采取以下几种方法减轻油气层的伤害，这些方法不一定是最佳的保护油气层技术方案，但往往在经济效益上是可行的。

（1）油气层为低压层，其上部存在大段易坍塌高压泥岩层。对此类地层可依据上部地层坍塌压力确定钻井液密度，以确保井壁稳定。为了减少对下部油气层的伤害，可在进入油气层之前，转用与油气层相匹配的屏蔽暂堵钻井液。

（2）裸眼井段上部为低压漏失层或破裂压力低的地层；下部为高压油气层，其孔隙压力超过上部地层的破裂压力。对此类地层，可在进入高压油气层之前进行堵漏，提高地层承压能力，堵漏结束后进行试压，证明上部地层承受的压力系数与下部地层相当时，再钻开下部油气

层,否则一旦用高密度钻井液钻开油气层就可能发生井漏,诱发井喷,对油气层产生伤害。

(3)多层组高坍塌压力泥页岩与多层组低压易漏失油气层相间。应提高钻井液抑制性,降低坍塌压力,按此值确定钻井液密度。为了减少对油气层伤害,应尽可能提高钻井液与油气层配伍性,采用屏蔽暂堵保护油气层钻井液技术。

多压力层系地层有多种多样,可参考上述原则来确定技术措施。

八、调整井的保护油气层钻井技术

我国部分油气田开采已进入中晚期。为了重新认识油气层,改善和提高开发效果,实现油气田稳产,需对已投入开发的油气田,以开发新层系或井网调整为主要目的再钻一批井,这些井称为调整井。调整井的地层特性与油田勘探开发初期所钻的探井、开发井相比,已经发生较大变化。因而钻调整井时所发生的油气层的伤害原因和防止伤害措施也有所改变。

(一)调整井地层特点和引起油气层伤害的主要原因分析

由于长期采油与注水,老油田油气层特性主要发生下述变化:

(1)同一井筒中形成多套压力层系或低压层。部分油气层由于长期采油或注采不平衡,造成孔隙压力与破裂压力大幅度下降;部分地层因注水整成高压,其孔隙压力甚至超过上覆压力或同一井筒中另一组地层的破裂压力;部分未投入开发的油气层仍保持原始地层压力。上述这些地层与井筒中原有高坍塌压力地层、易发生塑性变形的盐膏层或含盐膏泥岩层组合形成多套压力层系,这些地层的孔隙压力或破裂压力与原始压力相比相差较大。

(2)油气层孔隙结构、孔隙度、渗透率、岩石组成与结构等均已发生变化。例如,压裂就会使油气层裂缝增多,连通性发生改善等。

(3)油气水分布发生变化,相渗透率也随之而改变。

上述这些变化导致部分调整井钻井液密度大幅度增高,钻井过程中喷、漏、卡、塌不断发生,而井漏大多发生在低压油气层中,对油气层产生较大的伤害。对于部分低压层,即使没发生井漏,高的液柱压力所形成的高压差加剧了对油气层的伤害。高的液柱压力还有可能超过低压油气层的破裂压力而诱发裂缝,造成井漏。而另一部分调整井,由于地层孔隙压力大幅度下降,油气层连通性改善,采用原有的水基钻井液钻进,不断发生井漏。部分油气层甚至已经无法采用密度大于 $1.0g/cm^3$ 的钻井液钻进。综上所述,井喷、井漏、高压差等因素加剧了调整井钻井过程中的油气层伤害程度。

(二)调整井保护油气层钻井技术要点

调整井保护油气层技术仍需依据已发生变化的油气层特性,按照前两节所阐述的原则进行优选。除此之外,还需依据调整井的特点采取一些特殊技术措施来减少对油气层的伤害。

(1)采用重复地层测试器(repeat formation tester,RFT)测井、岩性密度测井、长源距声波测井或地层测试、电子压力计测压等方法,搞清调整井区地层孔隙压力,建立孔隙压力和破裂压力曲线。

(2)对于裸眼段均为低压层的井,可依据地层压力选用与油气层特性相配伍的各类低密度钻井液,实现近平衡压力钻井,防止井漏。为了提高防漏效果,必要时可在钻井液中加入单封和各种暂堵剂。

(3)如裸眼段是多压力层系,高压层是长期注水引起的,则应在钻调整井之前,停注泄压或控制注水量或停注停采。如个别地层压力极高,可预先打泄压井,降低地层压力。

(4)如果高压层是原始的高压油气层,且裸眼段还存在压力系数相差较大的低压层、或高压层的孔隙压力超过其他地层破裂压力,则应通过设计合理井身结构来解决,或者在钻开低压层后,进行预防性堵漏,提高地层承压能力,防止在钻进高压层时因提高钻井液密度而发生井漏。或在钻高压层后,进入低压层之前,往钻井液中加入各种暂堵剂或堵漏剂,采取预防性的循环堵漏。

(5)如果漏层是油气层,无论预防性堵漏或漏失后堵漏,所采用的堵漏剂都需采用在油井投产时能用物理法或化学法进行解堵的材料。

九、欠平衡钻井技术

对于漏层即油气层的油气藏,无论是钻开油气层前实施预防性堵漏或抢钻漏失层段后堵漏,堵漏将不可避免地会对油气层造成伤害,采用欠平衡钻井技术可有效地保护这类油气藏。

所谓欠平衡钻井就是井底压力(包括静液柱压力、井筒循环压耗、井口回压等)小于地层孔隙压力情况下的钻井作业。欠平衡钻井包含两个主要内容:井筒液柱压力一定要小于所钻油气层的孔隙压力;地层流体一定要有控制地流入井筒。因此,钻井液就不会在压差作用下进入地层,进而消除了钻井液中的固相和液相侵入所引起的地层伤害。

(一)欠平衡钻井技术的优缺点

与常规钻井相比,欠平衡钻井技术的优点有:

(1)有利于识别、评价和发现油气藏。钻进过程中井内钻井液柱的压力低于地层孔隙压力,允许地层流体进入井内,这有利于识别和准确评价油气藏。

(2)减少钻井过程对地层的伤害,保护油气层。对于低渗透油气藏、压力衰竭的油气藏,这一优势更为突出。欠平衡钻井与常规钻井相比,能减轻或消除钻井液直接对地层的侵入伤害。因为欠平衡钻井中是地层流体流入井筒而不是钻井液流入地层,钻井液中的固相材料和化学物质难以进入产层,对地层的油气通道造成堵塞和其他形式的伤害。从而可大大提高产层的初期产量,同时还可延长有效油气层的开采期、发现新的产层。

(3)有利于提高机械钻速。欠平衡钻井没有平衡钻井时井筒动液柱压力对井底和钻头下的岩屑产生的压持效应,并且欠平衡钻井时的负压差还有利于岩屑脱离母体并使井底清洁(减少岩屑垫层),提高钻头的破岩效率,并延长其寿命。因此,机械钻速会有明显提高,尤其是硬地层钻进。据国外统计,欠平衡钻井机械钻速一般比平衡钻井提高2~4倍。

(4)有利于减少或杜绝压差卡钻和井漏事故。由于井内液柱压力的降低,有效地减少了压差卡钻和压漏地层等井下复杂情况发生的可能性,大大地缩短了非生产时间,确保了钻井生产的安全。

(5)有利于增加防喷能力,降低井喷失控的风险。在欠平衡钻井过程中,由于井口防喷器一直处于安全关井状态,确保了井口的安全性。

(6)可以在钻井过程中生产油气。由于在欠平衡钻井的同时,产层中油气在地面有效控制下进入井内,并同钻井液一起循环到达地面,经分离、处理后得到油气。

同样,欠平衡钻井技术具备以下缺点:

(1)钻井成本高。欠平衡钻井除常规井控设备外,还需装备一套欠平衡钻井特殊设备(如旋转防喷器、液气分离器、充气设备等),这就加大了钻井设备的投入和维护费。另外,若欠平衡钻井井段需起下钻,常采用不压井强行起下钻技术,这也增加了钻井成本。据国外统计,欠平衡钻井作业费用是常规钻井作业费用的 1.3～2.0 倍。

(2)井壁垮塌的危险增加,尤其是在页岩等易垮塌地层,这主要是因井内负压差和过高的环空返速而引起。

(3)增加了取心的难度。

(4)增加了井控的难度和风险。

(二)欠平衡钻井实现的条件

1. 地层条件

由于欠平衡钻井独特的开采方法,决定了欠平衡钻井适合的地层条件:

(1)地层孔隙压力和地质情况较清楚;

(2)同一裸眼压力系数差别不大的井;

(3)地层稳定性较好,不易发生垮塌;

(4)油气层能量已衰减的老油气田;

(5)地层孔隙压力较高,但渗透率较底;

(6)流体不含硫化氢或微含硫化氢。

2. 地面装备条件

由于欠平衡钻井是边喷边钻,井底处于欠平衡状态,所以要设特殊装备控制地层流体。一是将井口最上端的旋转防喷器或旋转控制用作旋转分流器,来有效地控制产层流体的产出量;二是在旋转防喷器出故障时,利用常规防喷器及节流压井放喷管汇等井控设备来实际对井口和地层的有效控制或压井作业。

因此,欠平衡钻井的地面装备,除具有常规钻井井口井控装置、节流管汇外,井口还应增加一个相应尺寸的单阀板防喷器和旋转控制头(旋转防喷器)、液动闸阀以及四相分离器、真空除气器、放喷火炬管及火炬、安全可靠的点火系统及防回火装置、循环系统的各种电器防爆装置、流量计、六方(或三方)钻杆和18°斜坡钻杆。

(三)实现欠平衡钻井的主要方法

1. 自然法

当地层压力系数大于 1.10 时可采用常规钻井液,用降低钻井液密度来实现欠平衡钻井作业,这也是所谓的边喷边钻。配制这种钻井液还可以加入塑料球或玻璃球来减少加重剂的使用量。

2. 人工诱导法

当地层压力系数不大于 1.10,用常规钻井液无法实现欠平衡钻井作业,这时必须采用充气(或雾化、泡沫、空气、天然气、氮气)等钻井作业,实现欠平衡钻井条件。目前,美国和加拿大所进行的欠平衡钻井作业的油气田地层压力普遍较低,因此普遍采用人工诱导法。

在20世纪早期,国外就开始利用空气作为井内循环介质钻坚硬地层。在20世纪八九十年代初期,美国研制了欠平衡钻井专用设备和工具,并成功地应用于钻井现场,取得了令人鼓舞的效益。目前,美国、加拿大应用欠平衡钻井技术所钻的井数已占到全部钻井总数的30%以上,成为欠平衡钻井技术最先进的两个国家。我国油田从20世纪后期开始引进旋转防喷器等主要设备和相关技术,进行了大量的研究,并取得了可喜的经济效益。欠平衡钻井工艺,具备独特的优点,越来越受到关注,并应用于水平井的钻进。水平井在产层中钻进时间长,产层与钻井液接触面积成倍增加,需要有效保护产层。

知识拓展

一滴钻井液的神奇之旅见微课2。

微课2　一滴钻井液
的神奇之旅

复习思考题

1. 说明钻井液引起油气层伤害的原因有哪些?
2. 影响油气层伤害的钻井工程参数有哪些?
3. 保护油气层钻井液的基本要求是什么?
4. 保护油气层的钻井液有哪几种?
5. 详细说明屏蔽暂堵技术的原理、特点和适应范围。
6. 简述无膨润土暂堵型聚合物钻井液保护油气层的原理?
7. 如何从钻井工艺技术上降低钻井过程中对油气层的伤害? 说明原因。
8. 钻井过程中,如何降低浸泡时间?
9. 在多套压力层系的地层进行钻井时,有哪些保护油气层的工艺技术?
10. 欠平衡钻井技术是什么?

第五章
完井过程中的保护油气层技术

完井是从钻开油气层开始,到下套管、注水泥固井、射孔、下生产管柱、排液,直至投产的一项系统工程。完井工程是衔接钻井工程和采油工程而又相对独立的工程,它既是钻井工程的最后一个重要环节,又是采油工程的开端,与以后的采油、注水及整个油气田开发是紧密联系的。油气井完井质量的好坏直接影响到油气井的生产能力与经济寿命,甚至关系到整个油气田能否得到合理的开发。和钻井工程的各项作业一样,完井工程的各项作业也会造成对油气层的伤害。如果其中的某项完井作业处理不当,就有可能严重降低油气井的产能,使钻井过程中的保护油气层措施功亏一篑。因此,了解完井过程对油气层伤害的特点以及各种保护油气层的完井技术显得十分重要。

目前国外使用的完井方式较多,但应用最广泛的是套管射孔完井,大约占完井总数的90%以上。我国采用的完井方式也以套管射孔完井为主,大约占完井总数的85%以上。个别灰岩产层油田用裸眼完井,少数稠油或出砂油田用砾石充填完井。套管射孔完井之所以应用最多,其主要原因是它能选择、调整产油层位,适应分层开采工艺及后续井下作业及增产、增注措施的需要。

各种完井方式适用的地质条件(垂直井)见表5-1。

表5-1 各种完井方式适用的地质条件(垂直井)

完井方式	适用的地质条件
裸眼完井	1. 岩性坚硬致密、天然裂隙发育,井壁稳定不坍塌的碳酸盐岩或砂岩油气层; 2. 无气顶、无底水、无含水夹层及易塌夹层的油气层; 3. 单一厚储层,或压力、岩性基本一致的多层油气层; 4. 不准备实施分隔层段或选择性处理的油气层
射孔完井	1. 有气顶、有底水、有含水夹层及易塌夹层等复杂地质条件,因而要求实施分隔层段的油气层; 2. 各分层之间存在压力、岩性等差异,因而要求实施分层测试、分层采油、分层注水、分层处理的油气层; 3. 要求实施大规模水力压裂作业的低渗透油气层; 4. 含油层段长、夹层厚度大且构造复杂不适于裸眼完井的油气藏
割缝衬管完井	1. 无气顶、无底水、无含水夹层及易塌夹层的油气层; 2. 单一厚油气层,或压力、岩性基本一致的多层油气层; 3. 不准备实施分隔层段,选择性处理的油气层; 4. 岩性较为疏松的中、粗砂粒油气层
裸眼砾石充填	1. 无气顶、无底水、无含水夹层的油气层; 2. 单一厚油气层,或压力、岩性基本一致的多层油气层; 3. 不准备实施分隔层段,选择性处理的油气层; 4. 岩性疏松出砂严重的中、粗、细砂粒油气层

完井方式	适用的地质条件
套管内砾石充填	1. 有气顶、有底水、有含水夹层及易塌夹层等复杂地质条件,因而要求实施分隔层段的油气层; 2. 各分层之间存在压力、岩性等差异,因而要求实施选择性处理的油气层; 3. 岩性疏松出砂严重的中、粗、细砂粒油气层
复合型完井	1. 岩性坚硬致密,井壁稳定不坍塌的油气层; 2. 裸眼井段内无含水夹层及易塌夹层的油气层; 3. 单一厚油气层,或压力、岩性基本一致的多层油气层; 4. 不准备实施分隔层段,选择性处理的油气层; 5. 有气顶或油气层顶界附近有高压水层,但无底水的油气层

合理的完井方式应该根据油田开发方案的要求,做到充分发挥各油层段的潜力,油井管柱既能满足油井自喷采油的需要,又要考虑到后期人工举升采油的要求,同时还要为一些必要的井下作业措施创造良好的条件。因此,合理的完井方式应力求满足以下要求:

(1)油气层和井筒之间应保持最佳的连通条件,油气层所受的伤害最小。

(2)油气层和井筒之间应具有尽可能大的渗流面积,油气入井的阻力最小。

(3)应能有效地封隔油气层和水层,防止气窜或水窜,防止层间的相互干扰。

(4)应能有效地控制油层出砂,防止井壁垮塌,确保油井长期生产。

(5)应具备进行分层注水、注气、压裂、酸化等措施以及便于人工举升和井下作业的条件。

(6)稠油开采能达到注蒸汽热采的要求。

(7)油田开发后期具备侧钻定向井及水平井的条件。

(8)施工工艺简便,成本较低。

第一节 固井过程中的保护油气层技术

视频5-1 固井过程

为了安全钻进和采油的需要,在井眼中下入钢质套管,并在套管和井壁之间注入水泥浆的过程,称为固井(视频5-1)。固井的主要目的是在套管与井壁之间形成均匀、完整且封固良好的水泥环,封隔各油气水层及夹层,防止油气水窜流,为各层组油气层分别投产或进行各项井下作业创造条件。固井是钻井、完井工程各项作业之中最为重要的作业之一,此项作业中的各项技术措施与油气层是否受到伤害及伤害严重程度紧密相关。固井作业对油气层的伤害主要反映在固井质量和水泥浆对油气层的伤害两个方面。

一、固井质量对油气层伤害原因分析

固井质量的主要技术指标是环空封固质量,它直接影响油气层在今后各项作业中是否会受到伤害,其原因有以下几点:

(1)环空封固质量不合格,不同压力系统的油气水层相互干扰和窜流,易诱发油气层的潜在伤害因素,如形成有机垢、无机垢,发生水相圈闭伤害、乳化堵塞、细菌堵塞、微粒运移、相渗透率变化等,从而对投产的油气层产生伤害,影响产量。

（2）环空封固质量不合格，当油井进行增产、注水、热采等作业时，各种工作液就会在井下各层中窜流，对油气层产生伤害。如酸化液、压裂液窜入未投产油气层，而没能及时返排，就会对该油气层产生伤害；注入水窜入未投产的水敏性油气层，就会使该层含水饱和度增加，或发生水化膨胀、分散运移，从而影响油相的有效渗透率。

（3）环空封固质量不合格，会使油气上窜至非产层，引起油气资源损失。

（4）环空封固质量不合格，易发生套管损坏和腐蚀，引起油气水互窜，造成对油气层的伤害。

综上所述，固井质量不合格是对油气层的最大伤害，而且还会影响到油气井生产全过程。

二、水泥浆对油气层伤害原因分析

固井作业中，在钻井完井液和水泥浆有效液柱压力与油气层孔隙压力之间产生的压差作用下，水泥浆通过井壁被破坏的泥饼而进入油气层，对油气层产生伤害。水泥浆对油气层产生伤害的原因可归纳为以下三个方面。

（一）水泥浆中固相颗粒堵塞油气层

水泥浆中固相颗粒直径较大，但粒径 $5 \sim 30 \mu m$ 的仍占 15% 左右，多数砂岩孔喉直径大于此值。因此，在压差作用下，这些颗粒仍能进入油气层孔喉中，堵塞油气孔道。由于井壁有泥饼的存在（即使固井中采用冲洗液、泥饼刷、活动套管等措施消除外泥饼，但仍不能消除其在井壁中的内泥饼），根据资料报道，水泥浆固相颗粒侵入深度约为 2cm，2cm 后几乎不存在伤害，这 2cm 的伤害带完全可以被射孔射穿，可以说对油气层伤害影响十分有限。但如果固井中发生井漏，则水泥浆中固相颗粒就有可能进入油气层深部，造成严重伤害。这在裂缝型、缝洞型油气层段固井中经常发生。

（二）水泥浆滤液与油气层岩石和流体作用而引起的伤害

一般来讲，在固井作业中，水泥浆柱的压力要比钻井液柱的压力大，且水泥浆失水量通常均高于钻井完井液滤失量，没有加入降失水剂的水泥浆，API 失水量可高达 1500mL 以上。尽管在实际渗透性地层中，水泥浆失水量比按 API 标准测得的失水量小 1/150 ~ 1/60（表 5-2），但室内实验结果表明，水泥浆滤液仍对油气层产生伤害（表 5-3）。因为水泥与水发生水化反应时在滤液中形成大量 Ca^{2+}、Fe^{2+}、Mg^{2+}、OH^-、CO_3^{2-} 和 SO_4^{2-} 等多种离子，OH^- 会诱发碱敏矿物分散运移，上述离子还可能与地层流体作用形成无机垢，滤液还会发生水锁作用与乳化堵塞，滤液中所含表面活性物质可能使岩石发生润湿反转等，上述这些作用都会使油气层受到伤害。

表 5-2　水泥浆 API 标准滤失量与实际岩心测得滤失量

序号	岩心渗透率 $10^{-3} \mu m^2$	钻井液与水泥浆污染岩心后水泥浆的失水量 mL		水泥浆失水量（API 标准） mL
		有泥饼	无泥饼	
1	2.23	0.9	2.25	
	2.23			
2	17.13	31.50	38.25	1682
	17.13			
3	47.00	54	63	
	42.50			

序号	岩心渗透率 $10^{-3}\mu m^2$	钻井液与水泥浆污染岩心后水泥浆的失水量 mL		水泥浆失水量（API标准）mL
		有泥饼	无泥饼	
4	6.01	6.8	6.8	268
	6.01			
5	13.80	4.5	—	509
6	13.80	6.76	—	988
7	278.15	—	4.57	88
	304.06	—	5.87	300
	366.06	—	6.80	900
8	792.65	—	9.05	90
	793.92	—	11.3	295
	644.37	—	13.6	890

表5-3 某油田沙河街油层受钻井液与水泥浆的伤害情况

序号	岩心号	K_{wi} $10^{-3}\mu m^2$	伤害类型	压差 kg/cm^2		剪切速率 s^{-1}		滤失量, mL				伤害后渗透率 $10^{-3}\mu m^2$		渗透率下降率 %		
								API标准		岩心伤害时测定						
				钻井液	水泥浆	钻井液	水泥浆	钻井液	水泥浆	钻井液	水泥浆	K_{md}	K_T	ΔK_m	ΔK_T	ΔK_C
1	Q29-1	23.75	钻井液	35	—	64	—	2.5	—	10.12	—	7.10	—	70.1	—	—
	Q29-2	29.47	双重*	35	70	64	79	2.5	1682	13.5	36	—	5.75	—	80.5	10.4
	Q29-3	29.47	双重**	35	70	64	79	2.5	1682	13.5	50	—	5.54	—	81.2	11.1
	Q29-4	17.13	双重*	35	70	64	79	2.5	1682	22.5	31.5	—	1.95	—	88.6	18.5
	Q29-5	17.13	双重**	35	70	64	79	2.5	1682	22.5	38.3	—	1.70	—	90.1	20
2	Q30-1	4.49	钻井液	35		64		2.5		6.3		1.79		60.2		
	Q30-2	3.39	双重*	35	70	64	79	2.5	1682	5.6	18	—	1.05	—	69	8.8
	Q30-3	6.01	双重*	35	70	64	79	2.5	268	6.8	11.3	—	1.89	—	68.5	8.3
3	Q31-1	37.2	钻井液	35	—	64		2.5	—	18		74.3				
	Q31-2	47.0	双重*	35	70	64	79	2.5	1682	22.5	54	—	5.50	—	88.3	14
	Q31-3	42.50	双重**	35	70	64	79	2.5	1682	22.5	63	—	4.51	—	89.4	15.1
4	Q32-1	3.87	钻井液	35		64		48		22.5		0.58		85		
	Q32-2	3.75	双重*	35	70	64	79	48	1682	18	45	0.39			89.6	4.6
各种液体引起渗透率下降的平均值														72.4	82.8	12.3

注：* 为有泥饼；** 为无泥饼；ΔK_m、ΔK_T、ΔK_C—钻井液、钻井液与水泥浆、水泥浆引起的渗透率下降率；K_{wi}—原始渗透率；K_{md}—钻井液伤害后的渗透率；K_T—钻井液与水泥浆共同伤害后的渗透率。

（三）水泥浆中无机盐结晶沉淀对油气层的伤害

水泥浆在水化过程中游离和溶解出大量无机离子,在静止状态下,由于水泥浆液相 pH 值高,这些离子以过饱和状态存在于液相中。但在固井过程中,液相中无机离子随滤液进入油气层,由于条件的变化,这些无机离子将以结晶析出或沉淀出 $Ca(OH)_2$、$CaSO_4$、$CaCO_3$ 等,这些结晶产物将堵塞孔喉,降低油气层渗透率。

水泥浆对油气层伤害程度与水泥浆组分、失水量大小、钻井液泥饼质量及外泥饼消除情况、压差大小和固井过程在油气层是否发生过漏失等因素有关。西南石油大学所进行的室内实验结果表明,在有泥饼存在情况下,水泥浆可使油气层渗透率下降 10%~20%。水泥浆对油气层的伤害程度随钻井液泥饼质量变差而加剧,随井漏的发生而趋于恶化。

三、保护油气层的固井技术要点

(一)提高固井质量

固井作业施工时间短、工序内容多、材料消耗大、技术性强、未知影响因素复杂,因此,要优质地固好一口井,必须精心设计、精心施工、严密组织、严格质量控制,在施工后形成一个完整的水泥环,使水泥与套管、水泥与井壁固结好,水泥胶结强度高,油气水层封隔好,不窜、不漏。为满足上述要求,确保固井质量,可采取以下主要技术措施。

1. 改善水泥浆性能

推广使用 API 标准水泥和各种优质外加剂。根据产层特性和施工井况,采用减阻、降失水、调凝、抗腐蚀、防止强度衰退等外加剂,合理调配水泥浆各项性能指标,以满足安全泵注、替净、早强、防伤害、耐腐蚀及稳定性的要求。

2. 合理压差固井

严格按照地层压力和破裂压力设计水泥浆密度及浆柱结构,并采用密度调节材料满足设计要求,保证注水泥过程中不发生水泥浆漏失。漏失严重的井,必须先堵漏,后固井。

3. 提高顶替效率

注水泥前,必须处理好泥浆性能,使泥浆具备流动性好、触变性合理、失水造壁性好的特点,并采用优质冲洗液和隔离液,合理安放旋流扶正器位置,主封固段紊流接触时间不低于 7~10min 等方法,让滞留在井壁处的"死钻井液区"尽量顶替干净。

4. 防止水泥浆失重引起环空窜流

水泥浆候凝过程中地层油气水窜入环空,是水泥浆失重引起浆柱有效压力与地层压力不平衡的结果。如果高压盐水窜入水泥柱,还可导致水泥浆长期不凝。为防止环空窜流,除确保良好顶替效率外,主要措施是采用特殊外加剂,通过改变水泥浆自身物理化学特性以弥补失重造成的压力降低。最有效的方法是采用可压缩水泥、不渗透水泥、触变性水泥、直角稠化水泥及多凝水泥等。此外还可采用分级注水泥、缩短封固段长度及井口加回压等工艺措施。

5. 应用注水泥计算机辅助设计软件

注水泥计算机辅助设计软件包括一口井固井全过程的仿真设计,主要部分有:水泥浆体系和性能设计;平衡压力注水泥设计;注水泥流变学设计;防止油气水窜设计;套管柱设计;扶正器安放位置设计;制订注水泥施工计划表和数据库等。该软件既可提高设计速度及科学化水平,又可人机联作预测施工情况并选择最优方案,还可在施工结束后进行作业评价,并将全部结果存储在库中以便进行统计、查询、分析,这种人工智能技术将大大促进固井质量的提高。

（二）降低水泥浆失水量

为了减少水泥浆固相颗粒及滤液对油气层的伤害，需在水泥浆中加入降失水剂，控制失水量小于250mL（尾管固井时，控制失水量小于50mL）。控制水泥浆失水量不仅有利于保护油气层，而且是保证安全固井、提高环空层间封隔质量及顶替效率的关键因素。

（三）采用屏蔽暂堵钻井完井液技术

钻开油气层时，采用屏蔽暂堵钻井完井液技术，在井壁附近形成致密、高强度的屏蔽环，此环带可在固井作业中阻止水泥浆固相颗粒和滤液进入油气层。

当前，深井、超深井、小井眼窄间隙条件下，高温高压气层、缝洞性碳酸盐岩油气层的固井油气层保护技术问题尚未很好地解决，固井作业中如何有效地控制漏失性伤害是一项重要课题。随着油气勘探开发的目标越来越多地投向盆地深层、深井、超深井，伤害问题会更加突出，油气层保护将是今后一段时期重要的研究方向。

四、案例分析

草古100区块是草桥油田的一个潜山油藏区块，此油藏为特稠油藏，油藏地层为潜山破碎带，压力系数1.0左右。由于该潜山经历漫长的风化、剥蚀、溶蚀、淋滤及构造运动的频繁改造，加之灰岩地层性脆质纯、易溶易碎之故，岩石破碎严重，形成了十分发育的缝洞网络，表现为：（1）潜山面存在砾石层；（2）钻井液及固井水泥浆漏失严重，固井渗漏明显；（3）溶洞发育，钻井放空；（4）岩心缝洞发育；（5）测井解释渗透层发育；（6）成像测井证实缝洞发育。由于采用直井，一直产量很低，油田决定在此区块布置10口水平井。采用常规注水泥方法固井，水平井产量比直井提高不多，后经分析研究产量低的原因是固井水泥浆对油层污染所致，因而在固井中采用了油气层保护技术，使原油产量比常规固井平均提高142%，见到了较好的效果。

（一）常规固井对油气层的伤害

草古100-平1和草古100-平2井采用的常规固井方法，其套管结构为ϕ339.7mm表层下至100m，ϕ244.5mm技套下至水平段A点进入潜山3~5m，水平井段下入ϕ177.8mm筛管完井，如图5-1所示。

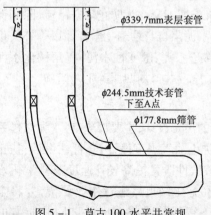

草古100区块水平井固井的要点主要是封固好进入水平段A点的ϕ244.5mm技套。常规固井采用的方法是一次注水泥固井，注低密度水泥浆体系（密度1.6~1.7g/cm³的粉煤灰石英砂水泥），由于水平段的A点（即ϕ244.5mm套管鞋处）已进入了潜山层（即油层），尽管采取了低密度水泥浆防渗措施，但由于液柱压力大大超过油层孔隙压力，且潜山顶部岩层破碎缝洞发育，因而会有大量的水泥浆渗入油层，堵塞油气通道，如图5-2所示。当打开水平段时，使污染区的前部水平段孔隙度降低，减少了油井产量。

图中标注：
- ϕ339.7mm表层套管
- ϕ244.5mm技术套管下至A点
- ϕ177.8mm筛管

图5-1 草古100水平井常规固井套管结构图

（二）固井工艺的改进

为解决固井过程中水泥浆渗入油气层问题，对草古100水平井固井工艺进行了改进，采用水泥伞—分级箍组合防水泥渗漏保护油气层技术，这样可大大减少固井水泥浆对油层的污染，保证潜山生产层岩层孔隙度，提高产油率。

如图5-3所示，草古100水平井A点技套固井工艺改进后其管串结构为：盲鞋＋水泥伞＋割孔短节（孔在水泥伞内）＋3根套管＋水泥浮箍＋分级箍＋管串。

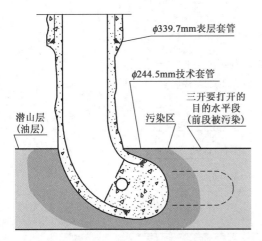

图5-2 草古100水平井φ244.5mm技套常规固井时对油层的污染图

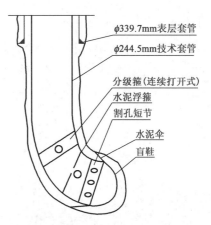

图5-3 改进后的草古100水平井φ244.5mm技术套管结构图

改进后的φ244.5mm技套固井工艺为：分二级固井，第一级封固30m，下部有水泥伞，采用连续打开式分级箍。由于一级封固只有30m，而且在水平段，水泥段基本不增加压差，下部有水泥伞，不但对水泥柱有一定的支持力和防渗作用，同时也改变了水泥浆出套管的流向，改变了对地层的冲击方向，从而保证了水泥浆不渗漏入地层，使油气层不受水泥污染，如图5-4所示。

当一级水泥凝固后，30m水泥封固段把潜山漏层（油层）顶部封隔，然后再进行二级注水泥，二级注水泥不会发生漏失，可以使用高密度抗高温掺砂水泥浆体系，从而提高油井寿命，如图5-5所示。

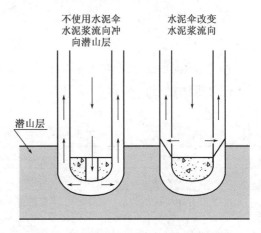

图5-4 水泥伞对地层冲击压力的作用图

（三）效果分析

在草古100区块水平井固井中，从第3口井开始采用水泥伞—分级箍组合防漏保护油气层技术，对φ244.5mm A点技套进行固井，从而保证潜山目的层不受污染。然后再打开潜山水平段（油层段）下筛管（尾管）开采，使原油产量明显提高，如图5-6所示。

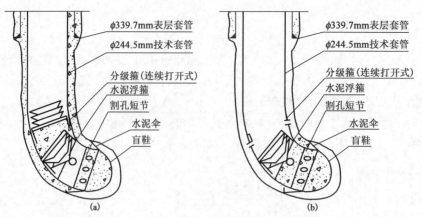

图 5-5　潜山水平井水泥伞—分级箍双级注水泥防漏固井工艺图

(a)一级注水泥封隔漏层;(b)二级注水泥

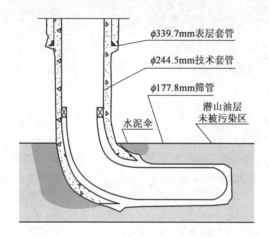

图 5-6　打开潜山水平段下筛管

在草古 100 区块共布置水平井 10 口,前 2 口井采用了常规固井工艺,后 8 口井采用了水泥伞—分级箍组合防漏保护油气层固井工艺,10 口水平井现已全部投产,投产日产量见表 5-4。

表 5-4　草古 100 潜山水平井投产情况表

井号	固井方式	平均日产油量,t
CG100-P1	低密度水泥浆常规注水泥	6.4
CG100-P2	低密度水泥浆常规注水泥	17
CG100-P3	水泥伞—分级箍防漏工艺	29
CG100-P4	水泥伞—分级箍防漏工艺	36
CG100-P5	水泥伞—分级箍防漏工艺	39
CG100-P6	水泥伞—分级箍防漏工艺	20
CG100-P7	水泥伞—分级箍防漏工艺	20
CG100-P8	水泥伞—分级箍防漏工艺	22.6
CG100-P9	水泥伞—分级箍防漏工艺	32
CG100-P10	水泥伞—分级箍防漏工艺	28.4

由表 5-4 中数据可以看出,潜山水平井固井过程中采用防渗漏油气层保护技术,使原油产量大大提高,可将单井平均产量提高 142% 。

（四）结论

（1）水泥伞——分级箍双级注水泥防漏保护油气层工艺是适用于潜山开发的有效固井方案,可提高平均日产量 1 倍以上。

（2）使用水泥伞可有效支承 30～50m 的封固段水泥浆与钻井液的压差。

（3）水泥伞改变水泥浆出套管的流向,由向下冲击改为向上冲击,大大减少了对下部漏失层的冲击压力,减少对油层污染。

（4）分级箍采用连续打开式,可避免常规分级箍投重锤后开泵循环时,多余水泥浆静止起动时对地层的反压力。

（5）采用先固底部 30m 漏层再固上部的二次注水泥方法,既可以减少液柱压差作用造成的水泥浆对油层的渗漏污染,同时也可以在二次注水泥时采用高密度抗高温水泥浆体系以增加油井寿命。

第二节　射孔完井的保护油气层技术

射孔完井是国内外最为广泛和最主要使用的一种完井方法,在直井、定向井、水平井中都可采用,目前常用的射孔完井方法包括套管射孔完井和尾管射孔完井。射孔完井能有效地封隔含水夹层、易塌夹层、气顶和底水;能完全分隔和选择性地射开不同压力、不同物性的油气层,避免层间干扰,能具备实施分层注采和选择性增产措施的条件,此外也可防止井壁垮塌。

射孔过程一方面是为油气流建立若干沟通油气层和井筒的流动通道,另一方面又对油气层造成一定的伤害。如果射孔工艺和射孔参数选择恰当,可以使射孔对油气层的伤害程度减到最小,而且还可以在一定程度上缓解钻井对油气层的伤害,从而使油气井产能恢复甚至达到天然生产能力。反之,射孔本身就会对油气层造成极大的伤害,甚至超过钻井伤害,从而使油气井产能很低,只是天然生产能力的 20%～30% ,甚至完全丧失产能。

国内外的生产实践已经证明上述论点是完全正确的。例如,新疆石油管理局在 1991 年底对 25 口没有工业开采价值的老井进行了重新射孔,其中有 12 口油井获得了工业油流;车 38井 1986 年采用 WD73-400 型无枪身射孔弹、10 孔/m 完井,结果为干层,1991 年底,改用YD-89射孔枪弹、16 孔/m 重射,日产油 12.6m³。射孔弹与射孔枪如彩图 5-1 所示,射孔过程示意图见彩图 5-2。

彩图5-1　射孔弹与射孔枪

彩图5-2　射孔过程示意图

由此可见,射孔工艺水平对油井产能有非常大的影响。因此,多年来国内外对射孔工艺、射孔伤害机理等进行了大量的理论、实验室和矿场实验研究。

一、射孔工艺与射孔参数对油井产能的影响

(一)射孔工艺

射孔工艺包括射孔压差、射孔方式和射孔工作液。

(1)射孔压差。射孔压差是指射孔时井底液柱压力与地层压力的差值。根据射孔压差,射孔可分为正压差射孔和负压差射孔。正压差射孔是指射孔时井底液柱压力高于地层压力的射孔;负压差射孔是指射孔时井底液柱压力低于地层压力的射孔。通常,正压差射孔的清洁度一般较差,造成井眼及岩石的伤害较大。负压差射孔既可以减少射孔作业中滤液的侵入、固相物质的堵塞以及滤液可能与地层发生的化学反应,又可及时清洗射孔孔眼。在负压差射孔中,只要负压值控制合理,油井产能将得到较大发挥,对提高产能、降低成本和保护油气层有相当重要的作用。

(2)射孔方式。要根据油藏和流体特性、地层伤害状况、套管程序和油田生产条件,选择恰当的射孔方式。射孔方式按照压差分为正压射孔工艺和负压射孔工艺;按传输方式又分为电缆输送射孔和油管输送射孔。目前最常用的是油管输送射孔技术(TCP),这种射孔技术具有高孔密、深穿透、负压值高的特点,易于解除射孔对储层的伤害,在国内得到广泛采用。同时,油管输送射孔与投产、酸化压裂、地层测试等联作工艺也已经在现场应用,并得到推广。

(3)射孔工作液。优质的射孔液应该是清洁无固相,且与地层岩石流体相配伍,现在用得较多的是清洁无固相 $CaCl_2$ 溶液。

(二)射孔参数

射孔参数主要包括射孔深度、射孔孔径、射孔密度和射孔相位。

(1)射孔深度。在钻井、固井作业中,都可能对油气层造成不同程度的伤害,在近井壁油气层中形成污染带,使其渗透率低于油气层的原始渗透率。在射孔时,要求射孔不仅要穿透油层套管外水泥环,而且射入油气层的深度要足以穿过近井污染带,才能有效地减少对油气流入井的产能影响。因此,随着射孔深度的增加,油气井产能会不断提高。

(2)射孔孔径。射孔孔径大,渗流阻力小,但孔径大对保护水泥环不利。目前国内外射孔孔径一般为 8 ～ 12mm。但在特殊情况下,如稠油、高凝原油射孔时,应选用较大孔径的射孔弹。

(3)射孔密度。射孔密度(指每米射孔数)对油气井产能影响较大,提高射孔密度,能有效地提高油气井的产能。目前我国一般射孔密度为 10 孔/m,国外部分油气田射孔密度可以达到 16 ～ 20 孔/m,因而我国在通过提高射孔密度来提高油气井的产能方面还有较大的潜力。

(4)射孔相位。射孔相位是指弹架上的射孔弹射孔方向的个数,有几个方向就称为有几个相位。射孔相位对油井产能发挥有相当大的影响。两个相位(即相邻射孔弹射孔方向之间夹角为180°)比一个相位好,三个相位(120°)排列射孔比两个相位排列射孔油井产能发挥好。在井下射孔时,若射孔器扶正得好,枪管会居于套管中心,不同相位的炸高(指射孔弹距穿甲物间的距离)相等,各相位的射孔深度也会相等。若不进行扶正,各相位炸高不同,就会使各相位的射孔深度不等,渗流阻力增大。随套管直径的增大,扶正器的影响会增加。

除上述因素外,孔眼壁压实带厚度及压实程度对油井产能也有很大的影响。实验研究发现,聚能射孔弹在钢靶上穿孔后,钢靶的质量并未减少,而是在孔眼周围产生了密度更大的压实带,这在油气层中表现更为明显。孔眼周围油气层在射孔中产生的压实带的厚度和压实程度对渗流阻力有直接影响。同时,压实程度也与所射油气层的致密情况及射孔弹的质量相关。

二、射孔对油气层的伤害分析

射孔对油气层的伤害,可归纳为以下几个主要方面。

(一)成孔过程对油气层的伤害

聚能射孔弹的成形药柱爆炸后,产生出高温(2000~5000℃)、高压(几千至几万兆帕)的冲击波,使凹槽内的紫铜金属罩受到来自四面八方的向药柱轴心的挤压作用。在高温高压下,金属罩的一部分变为速度达1000m/s的微粒金属流,这股高速的金属流遇到障碍物时,产生约$3×10^4$MPa的压力,击穿套管、水泥环及油气层岩石,形成一个孔眼。但金属射流所遇到的障碍物并不会消失,套管、水泥环及岩石受到高压的聚能射流冲击后,将变形、崩溃而破碎,有一部分成为碎片。

为了研究成孔过程中孔眼周围岩石的状况,1978年R.J.Sanucier发表了用贝雷砂岩靶射孔,然后沿孔眼轴线方向剖开岩心靶,观察孔眼周围岩石受伤害的文章。研究表明:在最靠近孔眼约2.54mm(0.1in)厚的严重破碎带处,产生大量裂缝,有较高的渗透率;向外2.54~5.08mm(0.1~0.2in)厚为破碎压实带,渗透率降低;再向外5.08~10.16mm(0.2~0.4in)厚为压实带,此处渗透率大大降低。在孔眼周围大约12.70mm(0.5in)厚的破碎压实带处,其渗透率约为原始渗透率的10%。这个渗透率极低的压实带将极大地降低射孔井的产能,而目前的射孔工艺技术尚无法消除它的影响。射孔孔眼的压实伤害如图5-7所示。

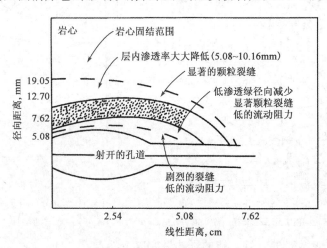

图5-7　射孔孔眼的压实伤害图

国内华北油田与西南石油大学联合进行了射孔岩心靶伤害机理的研究。利用一种特殊的溶液向射孔后的岩心驱替,然后用某种试剂滴定,可明显地观察到孔眼周围存在一圈颜色变异的压实带,且在孔入口处压实带较厚,为15~17mm,在孔眼底部压实带较薄,为7~10mm。这一观察与国外12.70mm(0.5in)厚的压实带的结论基本一致。

此外,若射孔弹的性能不良,也会形成杵堵。聚能射孔弹的紫铜罩约30%的金属质量能转变为金属微粒射流,其余部分是碎片以较低的速度跟在射流后面而移动,且与套管、水泥环、岩石等碎屑一起堵塞已经射开的孔眼。这种杵堵非常牢固,酸化及生产流体的冲刷都难以将其清除。

(二)射孔参数不合理或油气层打开程度不完善对油气层的伤害

射孔参数是指射孔密度、射孔深度、射孔孔径、射孔相位、布孔格式等。若射孔参数选择不当,将引起射孔效率的严重降低。图 5-8 是 $0°$ 相位角布孔所形成的井底流线分布示意图。

从图 5-8 中可以看出,在离井筒较远处是径向流,此时,从水平面内观察,流体是径向流入井筒;从垂直面内观察,流线是平行于油气层的顶部和底部。但从井筒附近的某处开始,出现流线的汇集而变为非径向流。此时,尽管在水平面内已不再是径向的,但在垂直面内流线仍然还平行于油气层的顶部与底部,这称为非径向流 1 相,此时已产生了部分附加压降。在靠近井筒的某一位置,流线开始汇集流向孔眼,因套管、水泥环的封闭成为流动障碍,故在垂直面内的流线也不再平行于油气层顶部和底部了,这称为非径向流 2 相,在水平面和垂直面内流线都汇集于孔眼,附加压降急剧增加。

射孔参数越不合理(射孔密度过低、孔眼穿透浅、布孔相位角不当等),产生的附加压降就越大,油气井的产能也就越低,上述情况称为打开性质不完善井。

由于种种原因,油气层有可能不宜完全射开,如图 5-9 所示。油层有气顶和底水,油层段仅射开中间 1/3。由于可供流通的孔眼集中在 1/3 的油层段内,从而使得井底附近的流速更高、附加阻力更大,这种情况称为打开程度和打开性质双重不完善井。

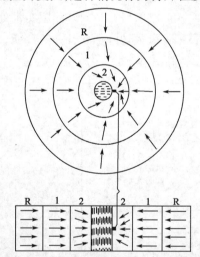

图 5-8 0°相位角井底流线分布示意图
R—径向流;1—非径向流 1 相;2—非径向流 2 相

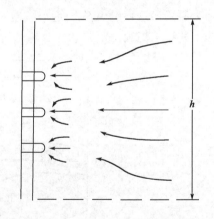

图 5-9 部分射开射孔区的汇流
h—油层厚度

一般来说,射孔参数对油气井产能的影响具有以下特点:

(1)油气井产能比随射孔深度增加而增大,特别是当射孔深度超过钻井液污染带时,油井产能会有一个较大幅度的提高,但射孔深度增加到一定程度后,产能上升的幅度将越来越小。

(2)油气井产能比随射孔密度增加而增大,但射孔密度增加到一定程度后,也不能再显著地提高油井产能。

(3)射孔相位对油气井产能比的影响。当 90° 相位布孔时,油井产能最高,120° 和 180° 次之,0° 相位最差。

（4）射孔孔径对油气井产能比的影响较小，例如，射孔孔径增加1倍，产能比仅增加7%。因此，一般多倾向于用较小的射孔孔径（12 mm左右）来获取较大的射孔深度。

（5）布孔格式对油气井产能比的影响。表5－5是我国电模拟和数学模拟的研究结果。从该表中可以看出，采用螺旋布孔格式时，油井的产能比最高，且螺旋布孔格式中，相邻孔眼之间的距离最远，井底的压力分布最均匀，而且在每一个枪身平面上只射一个孔，枪身变形小，有利于施工，对套管的影响也小。因此，现场应尽可能采用螺旋布孔格式。

表5－5　布孔格式对油气井产能比的影响（孔径＝10mm，理想孔眼）

射孔深度，mm	8 孔/m			9 孔/m		
	相位角	简单平面布孔格式 PR	螺旋布孔格式 PR	相位角	简单平面布孔格式 PR	螺旋布孔格式 PR
160	180°	0.857	0.877	120°	0.901	0.928
190	180°	0.883	0.891	120°	0.929	0.938
227	180°	0.913	0.927	120°	0.956	0.966
260	180°	0.942	0.953	120°	0.979	0.989

注：PR—油气井产能比，即在相同生产压差下，油气层伤害后的产量与未受伤害的产量之比。

（三）射孔压差不当对油气层的伤害

所谓射孔压差是指射孔液柱的回压与油气层孔隙压力之差。正压差射孔在射开油气层的瞬间，井筒中的射孔液就会进入射孔孔道，并经孔眼壁面侵入油气层。与此同时，由于正压差射孔的压持效应将促使已被射开的孔眼被射孔液中的固相颗粒、破碎岩屑、子弹残渣所堵塞。有人认为钻井液正压差射孔时，在已经形成的孔眼中，大约有1/3的孔眼被完全堵死，呈永久性堵塞。正压差射孔还将促使更严重的压实伤害带，特别是气层。这可能是由于孔隙中的气相比原油更易压缩，不易支撑孔隙的缘故。

负压差射孔在成孔瞬间由于油气层流体向井筒中冲刷，对孔眼具有清洗作用。合理的射孔负压差值可确保孔眼完全清洁、畅通。

目前国内多数油田已改用负压差射孔工艺，但其负压差值的大小，必须科学合理地制订，否则同样不能充分发挥负压差射孔的优越性。

（四）射孔液对油气层的伤害

正压差射孔必然会造成射孔液对油气层的伤害。即使是负压差射孔，射孔作业后有时由于种种原因需要起下更换管柱，射孔液也就成为压井液了。

射孔液对油气层的伤害包括固相颗粒侵入和液相侵入两个方面。侵入的结果将降低油气层的绝对渗透率和油气相对渗透率。如果射孔弹已经穿透钻井伤害区，此时井底附近的地层不仅受到钻井液伤害，而且会进一步受到射孔液的伤害，甚至使钻井伤害区以外未受钻井伤害的地层也受射孔液的伤害。因此，射孔液的不利影响有时要比钻井液更为严重。

采用有固相的射孔液或将钻井液作为射孔液时，固相颗粒将进入射孔孔眼，从而将孔眼堵塞。较小的颗粒还会穿过孔眼壁面进入油气层，引起孔隙喉道的堵塞。射孔液液相进入油气层将产生多种的伤害，这点在前面的章节中已讨论过。

因此，应根据油气层物性，通过室内筛选，选择既能与油气层配伍，又能满足射孔施工要求的射孔液。

三、保护油气层的射孔完井技术

射孔完井的产能效果取决于射孔工艺和射孔参数的优化配合。射孔工艺包括射孔方法、射孔压差和射孔液。

（一）射孔方法

1. 正压差射孔的保护油气层技术

虽然负压差射孔具有显著的优越性，但并不是说在任何油气井条件下都可以实施负压差射孔。在某些油气井条件下，仍然需要采用正压差射孔工艺。正压差射孔的保护油气层技术，主要有以下两个方面：一是应通过筛选实验，采用与油气层相配伍的无固相射孔液；二是应控制正压差值不超过2MPa。正压射孔过程如动画5-1所示。

动画5-1　正压射孔过程

2. 负压差射孔的保护油气层技术

负压差射孔可以使射孔孔眼得到瞬时冲洗，形成完全清洁畅通的孔道；可以避免射孔液对油气层的伤害；可以免去诱导油流工序，甚至也可以免去解堵酸化投产工序。因此，负压差射孔是一种保护油气层、提高产能、降低成本的完井方式。负压差射孔的保护油气层技术，也可分为两个方面：一是和正压差射孔一样，也应通过筛选实验，采用与油气层相配伍的无固相射孔液；二是应科学合理地制定负压差值。

（二）射孔压差

这里主要讲负压差射孔时压差值的确定。负压差射孔时，首先应考虑确保孔眼完全清洁所必须满足的负压差值。若负压差值偏低，便不能保证孔眼完全清洁畅通，降低了孔眼的流动效率。但负压差值过高，有可能引起地层出砂或套管被挤毁。因此，必须科学合理地确定所需的负压差值。

合理负压值可根据室内射孔岩心靶负压试验、经验统计准则或经验公式确定。但目前最流行的是美国Conoco公司的计算方法。

若油气层没有出砂历史，则：

$$\Delta p_{rec} = 0.2\Delta p_{min} + 0.8\Delta p_{max}$$

若油气层有出砂历史，则：

$$\Delta p_{rec} = 0.8\Delta p_{min} + 0.2\Delta p_{max}$$

根据油气层渗透率，确定最小负压值 Δp_{min}：

$$\Delta p_{min}（气井）= 0.01724/K \quad (K < 1 \times 10^{-3} \mu m^2)$$

$$\Delta p_{min}（气井）= 4.972/K^{0.18} \quad (K \geqslant 1 \times 10^{-3} \mu m^2)$$

$$\Delta p_{min}（油井）= 2.17/K^{0.3}$$

根据油气层的声波时差，确定最大负压差值 Δp_{max}：

$$\Delta p_{max}（气井）= 33.095 - 0.0524 DT_{as}$$

$$\Delta p_{max}（油井）= 24.132 - 0.0399 DT_{as}$$

若声波时差 $DT_{as} < 300\mu s/m$，则：

$$\Delta p_{max}（油井）= 0.8 \times 套管抗挤毁压力$$

式中　K——渗透率，$10^{-3}\mu m^2$；

　　　Δp_{min}——最小负压差值，MPa；

　　　Δp_{max}——最大负压差值，MPa；

　　　DT_{as}——声波时差，$\mu s/m$；

　　　Δp_{rec}——合理负压值，MPa。

在射孔完井的油气井中，射孔孔眼是沟通产层和井筒的唯一通道，如果采用恰当的射孔工艺和正确的射孔负压设计，就可以使射孔对产层的伤害最小，完善系数最高，从而获得理想的产能，因此在石油勘探开发中，射孔完井技术的重要性越来越引起重视。目前的负压设计方法仍不完全合理。最近，西南石油大学将国内外的几种设计方法结合射孔孔眼的力学稳定性和是否出砂研究出新的负压设计方法。

（三）射孔液

射孔液是射孔作业过程中使用的井筒工作液，有时它也作为射孔作业结束后的生产测试、下泵等压井液。对射孔液的基本要求是：保证与油气层岩石和流体相配伍，防止射孔作业和后继作业过程中，对油气层造成伤害；同时应满足射孔及后继作业的要求，即应具有一定的密度，具备压井的条件，并应具有适当的流变性以满足循环清洗炮眼的需要。

目前国内外使用的射孔液有七种体系。

1. 无固相清洁盐水

无固相清洁盐水射孔液一般由无机盐类、清洁淡水、缓蚀剂、pH 调节剂和表面活性剂等配制而成。其中无机盐类的作用是调节射孔液的密度和暂时性地防止油气层中的黏土矿物水化膨胀分散造成水敏伤害；缓蚀剂的作用是降低盐水的腐蚀性；pH 调节剂的作用是调节清洁盐水的 pH 值在合适范围，以免造成碱敏伤害；表面活性剂的作用是降低滤液的界面张力，利于进入油气层的滤液返排，以及清洗岩石孔隙中析出的有机垢。为减小造成乳化堵塞和润湿反转伤害的可能性，最好使用非离子型表面活性剂。

此类射孔液的优点是：（1）无人为加入的固相侵入伤害；（2）进入油气层的液相不会造成水敏伤害；（3）滤液黏度低，易返排。缺点是：（1）要通过精细过滤，对罐车、管线、井筒等循环线路的清洗要求很高；（2）滤失量大，不宜用于严重漏失的油气层；（3）无机盐稳定黏土的时间短，不能防止后继施工过程中的水敏伤害；（4）清洁盐水黏度低，携屑能力差，清洗炮眼的效果不好。

2. 阳离子聚合物黏土稳定剂射孔液

阳离子聚合物黏土稳定剂射孔液可以用清洁淡水或低矿化度盐水加阳离子聚合物黏土稳定剂配制而成，也可以在清洁盐水射孔液的基础上加入阳离子聚合物黏土稳定剂配制而成。一般来说，对不需加重的地方用前一种方法较好，这类射孔液除具有清洁盐水的优点外，还克服了清洁盐水稳定黏土时间短的缺点，对防止后续生产作业过程的水敏伤害具有很好的作用。

3. 无固相聚合物盐水射孔液

无固相聚合物盐水射孔液是在无固相清洁盐水射孔液的基础上添加高分子聚合物配制而

成,其保护油气层机理是:利用聚合物提高射孔液的黏度,以降低滤失速率和滤失量,提高清洗炮眼的效果,其余与无固相清洁盐水射孔液基本相同。使用该类射孔液时,长链高分子聚合物进入油气层会被岩石表面吸附,从而减少孔喉有效直径,造成油气层的伤害,故应权衡增黏降滤失量与聚合物伤害的利弊,一般不宜在低渗透油气层中使用,适于在裂缝型或渗透率较高的孔隙型油气层中使用。

4. 暂堵性聚合物射孔液

暂堵性聚合物射孔液主要由基液、增黏剂和桥堵剂组成,基液一般为清水或盐水,增黏剂为对油气层伤害小的聚合物,桥堵剂为颗粒尺寸与油气层孔喉大小和分布相匹配的固相粉末,常用的有酸溶性、水溶性和油溶性三种。对于必须酸化压裂才能投产的油气层可用酸溶性桥堵剂;对含水饱和度较大、产水量较高的油气层可用水溶性桥堵剂;其他情况下最好用油溶性桥堵剂。这类射孔液保护油气层的机理是:通过暂堵减少滤液和固相侵入油气层的量,从而达到保护油气层的目的。其最大优点是对循环线路的清洗要求低,这对取水较难的陆地油田,特别是缺水的西部油田更为适用。

5. 油基射孔液

油基射孔液可以是油包水型乳状液,或直接采用原油或柴油与添加剂配制。油基射孔液可避免油气层的水敏、盐敏危害,但应注意防止油气层润湿反转,乳状液及沥青、石蜡的堵塞以及防火安全等问题,这类射孔液由于比较昂贵,一般很少使用。

6. 酸基射孔液

酸基射孔液是由醋酸或稀盐酸与缓蚀剂等添加剂配制而成。其保护油气层机理是:利用盐酸、醋酸本身溶解岩石与杂质的能力,使孔眼中的堵塞物以及孔眼周围的压实带得到一定程度的溶解,并且酸中的阳离子也有防止水敏伤害的作用。

使用该类射孔液应注意酸与岩石或地层流体反应生成物的沉淀和堵塞,设备、管线和井下管柱的腐蚀等问题。一般不宜在酸敏性油气层及 H_2S 含量高的油气层使用。

7. 隐型酸完井液

隐型酸完井液是利用酸解除由于各种滤液不配伍在油气层深部产生的无机垢、有机垢沉淀;利用酸性介质防止无机垢、有机垢的形成;利用酸解除酸溶性暂堵剂、有机处理剂对油气层的堵塞和伤害;利用螯合剂防止高价金属离子二次沉淀或结垢堵塞和伤害油气层。

隐型酸完井液的基本组成为:过滤海水或过滤盐水 + 黏土稳定剂(如 PF – HCS) + 隐型酸螯合剂(如 PF – HTA) + 防腐杀菌剂(如 CA – 101) + 密度调节剂(如 NaCl、$CaCl_2$、$CaCl_2/CaBr_2$、$CaCl_2/ZrBr_2$ 等)。

某海上油田隐型酸完井液的配方见表 5 – 6。

表 5 – 6 某海上油田隐型酸完井液配方

项目	配方加量,kg					
	封隔液	射孔液	堵漏液	清洗液	水充填液	稠塞
过滤海水	$1m^3$	$1m^3$	$1m^3$	$1m^3$	$1m^3$	$1m^3$
烧碱	2 ~ 3			10		10 ~ 15
氧化镁	1					
PF – HCS		20	15		15	
PF – BPA			20			

项目	配方加量,kg					
	封隔液	射孔液	堵漏液	清洗液	水充填液	稠塞
CA－101	20					
CMHEC			6			12
PF－JWY				30		
破胶剂			0.2			
PF－HTA		4	3		3	
PF－OSY	2					

实际选择射孔液时,首先应根据油气层的特性和现场所能提供的条件确定最适宜的射孔液体系;然后根据油气层的岩心矿物成分资料、孔隙特征资料、油水组成资料及五敏实验资料,进行射孔液的配伍性实验。通过上述工作才能确定出对本地区油气层无伤害或基本无伤害的优质射孔液、压井液。

(四)射孔参数优化设计

要想获得理想的射孔效果,使油气井的产能最高,除了需要合理选择射孔方法、射孔压差和射孔液以外,还需要进行射孔参数的优化设计。

射孔参数优化设计需要取全取准以下资料:(1)根据射孔弹穿透贝雷砂岩靶的有效深度和孔眼直径,折算为穿透实际油气层的孔深和孔径,并进行井下温度、套管钢级、枪套间隙等因素对孔深、孔径影响的校正。(2)根据裸眼中途测试、电测井或理论分析计算等方法,求取钻井液伤害深度和伤害程度数据。(3)根据岩心分析,求取油气层的各向异性系数 K_v/K_h。

取全取准上述各项资料以后,将油气层钻井伤害参数、油气层物性参数、套管参数以及现场所有可供选择或准备采购的射孔枪弹型号,输入射孔参数优化设计软件。该软件将根据射孔井产能与诸影响因素的定量关系,从中优选出使油气井产能最高、受伤害最小(即总表皮系数最低)、对套管抗挤强度影响最低的射孔参数优化组合,并打印出射孔完井设计书交付射孔队实施施工。

四、案例分析

大庆外围低渗透油田油气层具有黏土矿物含量高、孔隙度低、渗透率低等特点。有效渗透率在 $100 \times 10^{-3} \mu m^2$ 以下,目前孔隙度平均15%,黏土矿物含量平均16%,其主要成分为伊利石、高岭石和绿泥石,油气层的敏感性较强,潜在的伤害程度大,在射孔过程中油层易受到伤害。大庆油田十分重视油气层保护工作,在开发的全过程都采取油层保护措施。射孔完井过程中采取的油层保护技术主要有负压射孔和采用射孔保护液,取得了较好的油层保护效果。

(一)负压射孔技术

目前,大庆外围低渗透和特低渗透油田以及老区的二、三次加密井全部采用负压射孔技术。现场使用结果表明,采用负压射孔技术可提高单井产能20%~30%,油层保护效果和增产效果显著。

例如,大庆油田杏 1 – 3 区东部二次加密井大部分采用的是负压射孔技术。该区块油层深度平均为 1125m,平均有效渗透率为 $71.3 \times 10^{-3} \mu m^2$,相邻泥岩声波时差为 $315 \mu s/m$,采用射孔软件计算最大负压为 11.56MPa,最小负压 4.79MPa,现场施工合理负压值为 6.14MPa。采用 102 枪装 127 弹负压射孔和常规射孔井的对比效果可知,在地质条件基本相同的情况下,采用负压射孔的 10 口井平均单井采液强度为 $3.36m^3/(d \cdot m)$,采用常规射孔的 19 口井平均单井采液强度为 $2.57m^3/(d \cdot m)$,采用负压射孔井的采液强度提高 23.5%,这说明采用负压射孔减轻了油层污染,油井的采液强度有所提高。

(二)采用优质射孔液

通过大量的室内实验,优选出适应不同地质条件的优质射孔液,取得了显著的油层保护效果。统计不同油田的效果可知,采用优质射孔液产量提高幅度为 20% 左右,达到了保护油层、提高油井产能的目的。

例如,在外围三低油田的油井上开展了清水与 PTA 射孔完井液应用效果对比试验。试验结果表明,采用 PTA 射孔完井液取得了较好的油层保护效果,采油井平均采液强度和采油强度提高 20% 左右,不同区块的效果对比见表 5 – 7。

表 5 – 7　油井采用清水与 PTA 射孔完井液效果对比表

区块名称	清水射孔液		射孔保护液		采液强度提高率 %
	应用井数 口	平均采液强度 $t/(d \cdot m)$	应用井数 口	平均采液强度 $t/(d \cdot m)$	
采油七厂葡南地区	17	1.52	15	2.09	27.27
敖包塔地区	9	1.49	10	1.74	14.38
采油七厂太南地区	14	1.53	12	1.91	19.89
采油七厂肇 212 地区	19	0.55	19	0.66	16.67
采油八厂州 5 区块	17	2.71	9	3.03	10.56
朝阳沟油田大榆树	12	0.26	10	0.31	16.13
朝阳沟油田翻身屯	11	0.12	9	0.15	20.00

(三)结论

大庆外围低渗透油田油气层具有黏土矿物含量高、孔隙度低、渗透率低等特点,导致油气层具有较强的敏感性,潜在的伤害程度大,在射孔完井过程中油气层易受到伤害。为了有效保护油气层,在射孔完井过程中采取负压射孔和采用射孔保护液的油气层保护技术,取得了较好的油气层保护效果,现场应用结果表明,单井产量提高幅度为 20% ~30%。

第三节　防砂完井的保护油气层技术

油气井出砂后,随着油气层孔隙压力逐步降低,上覆地层的重量逐渐传递到承载骨架砂上,最终引起上覆地层的下沉,致使套管变形和毁坏。油井出砂增加了井下工具和地面设备的磨损,因而需要经常更换,增加生产成本。因此,在选择完井方式时必须考虑油井出砂的因素。

一、油气层出砂机理

油气层出砂是由于井底地带岩石结构被破坏所引起的,它与岩石的胶结强度、应力状态和开采条件有关。

岩石的胶结强度主要取决于胶结物的种类、数量和胶结方式。砂岩的胶结物主要是黏土、碳酸盐和硅质三类,其中硅质胶结物的强度最大,碳酸盐次之,黏土最差。对于同一类型的胶结物,其数量越多,胶结强度越大。胶结方式不同,岩石的胶结强度也不同。砂岩的胶结方式可分为三种(图 5 – 10):

(1)基底胶结[图 5 – 10(a)]。当胶结物的数量大于岩石颗粒数量时,颗粒被完全浸没在胶结物中,彼此互不接触或很少接触。这种砂岩的胶结强度最大,但孔隙度和渗透率均很低。

(2)接触胶结[图 5 – 10(b)]。胶结物数量不多,仅存在于颗粒接触的地方。这种砂岩的胶结强度最低。

(3)孔隙胶结[图 5 – 10(c)]。胶结物数量介于上述两种胶结类型之间。胶结物不仅在颗粒接触处,还充填于部分孔隙之中,其胶结强度也介于上述两种方式之间。

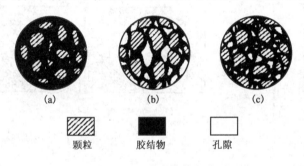

图 5 – 10　砂岩胶结方式
(a)基底胶结;(b)接触胶结;(c)孔隙胶结

易出砂的油气层大多以接触胶结为主,其胶结物数量少且含有黏土胶结物。此外也有胶质、沥青质胶结的疏松油气层。

地应力是决定岩石应力状态及其变形破坏的主要因素。钻井前,油气层岩石在垂向和侧向地应力作用下处于应力平衡状态。钻井后,井壁岩石的原始应力平衡状态遭到破坏,井壁岩石将承受最大的切向地应力。因此,井壁岩石将首先发生变形和破坏。显然,油气层埋藏越深,井壁岩石所承受的切向地应力越大,越易发生变形和破坏。

原油黏度高、密度大的油气层容易出砂,这是因为高黏度原油对岩石的冲刷力和携砂能力强。

上述是油气层出砂的内在因素。开采过程中生产压差的大小及建立压差方式,是油气层出砂的外在原因。生产压差越大,渗流速度越快,井壁处液流对岩石的冲刷力就越大,再加上地应力所引起的最大应力也在井壁附近。所以,井壁将成为岩层中的最大应力区,当岩石承受的剪切应力超过岩石抗剪切强度时,岩石就会发生变形和破坏,造成油气井出砂。

所谓建立生产压差的方式,是指缓慢建立生产压差还是突然急剧地建立生产压差。因为在相同的压差下,二者在井壁附近油气层中所造成的压力梯度不同。突然建立压差时,压力波尚未传播出去,压力分布曲线很陡,井壁处的压力梯度很大,易破坏岩石结构而引起出砂;缓慢建立压差时,压力波可以逐渐传播出去,井壁处压力分布曲线比较平缓,压力梯度小,不会影响岩石结构。有些井强烈抽汲或气举之后引起出砂,就是压差过大或建立压差过猛之故。

二、保护油气层的防砂完井技术

(一)割缝衬管防砂保护油气层技术

如图 5 – 11 所示,割缝衬管就是在衬管壁上,沿着轴线的平行或垂直方向割成多条缝眼。缝眼的功能是:一方面允许一定数量和大小的能被原油携带至地面的细砂通过,另一方面能把较大颗粒的砂子阻挡在衬管外面。这样,大砂粒就在衬管外形成砂桥或砂拱,如图 5 – 12 所示。砂桥中没有小砂粒,因为此处流速很高,把小砂粒都带入井内了。砂桥的这种自然分选,使它具有良好的通过能力,同时起到保护井壁的作用。为了促使砂桥形成,必须根据油层岩石的颗粒组成,选择缝眼的尺寸和形状(彩图 5 – 3)。

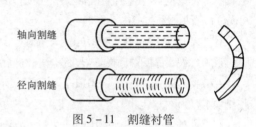

径向割缝 轴向割缝

图 5 – 11　割缝衬管

彩图5-3　割缝衬管
防砂示意图

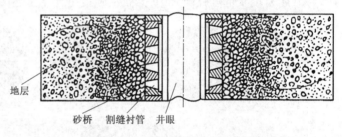

地层

砂桥　割缝衬管　井眼

图 5 – 12　衬管外所形成的砂桥

1. 缝眼的形状

缝眼的剖面应呈梯形(图 5 – 12)。梯形两斜边的夹角为 12°,而且大的底边在衬管内表面,小的底边在衬管外表面,小底边的宽度称为缝口宽度。这种形状可以避免砂粒卡在缝眼内而堵塞衬管。割缝衬管的关键就在于正确地选择缝眼口宽度和割缝的数量。

2. 缝口宽度

根据实验研究,砂粒在缝眼外形成砂桥的条件是缝口宽度不大于砂粒直径的两倍,即

$$e \leqslant 2d_{10}$$

式中　e——缝口宽度,mm;

　　　d_{10}——油层岩石颗粒组成累积分布曲线上,占累积重量百分数为 10% 所对应的颗粒直径,mm。

这就表示,占总重量 90% 的小砂粒可以通过缝眼,而占总重量 10% 的油层承载骨架砂不能通过。

3. 缝眼数量

缝眼数量应在保证衬管强度的前提下,有足够的流通面积。一般取缝眼开口总面积为衬管外表总面积的 2%,缝眼的长度取 50～300mm。缝眼数量可由下式确定:

$$n = \frac{\alpha F}{el}$$

式中　n——缝眼的数量；

　　　α——缝眼总面积占衬管外表总面积的百分数,一般取2%；

　　　F——衬管外表面积,mm^2；

　　　e——缝口宽度,mm；

　　　l——缝眼长度,mm。

(二)砾石充填防砂保护油气层技术

充填在井底的砾石层起着滤砂器的作用,它只允许流体通过,而不允许砂粒通过。防砂的关键是必须选择与油气层岩石颗粒组成相匹配的砾石尺寸,选择原则是既能阻挡油气层出砂,又能使砾石充填层具有较高的渗透性能(彩图5-4)。因此,砾石的尺寸、砾石的质量、充填液的性能是砾石充填防砂的技术关键。砾石充填防砂过程如动画5-2所示。

彩图5-4　砾石充填
防砂示意图

动画5-2　砾石充填
防砂过程

1. 砾石质量要求

砾石质量直接影响防砂效果及完井产能,因此,砾石的质量控制十分重要。砾石质量包括砾石粒径的选择、砾石尺寸合格程度、砾石的强度、砾石的圆度和球度、砾石的酸溶度等。

1)砾石粒径的选择

国内外通用的砾石粒径 D_g 是油层砂粒度中值 d_{50} 的 5~6 倍,即

$$D_g = (5 \sim 6)d_{50}$$

D_g 确定后,再根据工业砾石参数表,选择一种粒度中值大致与 D_g 相等的工业砾石。

2)砾石尺寸合格程度

砾石尺寸合格程度的标准是:大于要求尺寸的砾石重量不得超过砂样总重量的0.1%,小于要求尺寸的砾石重量不得超过砂样总重量的2%。

3)砾石的强度

砾石强度的标准是:抗破碎试验所测出的破碎砂重量百分含量不得超过表5-8所示数值。

表5-8　砾石抗破碎推荐标准

充填砂粒度,目	8~16	12~20	16~30	20~40	30~50	40~60
破碎砂重量百分含量,%	8	4	2	2	2	2

4)砾石的圆度和球度

砾石的圆度和球度标准是:砾石的圆度应大于0.6,砾石的球度也应大于0.6。评估砾石圆度和球度的视觉对比图如图5-13、图5-14所示。

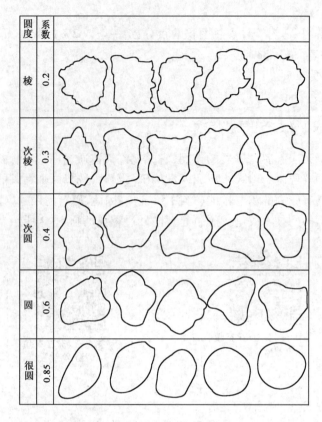

图 5 – 13　标准圆度

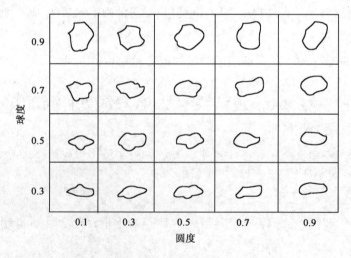

图 5 – 14　球度目测图

5）砾石的酸溶度

砾石酸溶度的标准是：在标准土酸（3% HF + 12% HCl）中，砾石的溶解质量分数不得超过1%。

2. 砾石充填液对油气层的影响及其保护技术

砾石充填液是将砾石携带到筛管和井壁（或筛管和套管）环形空间的液体。因为在砾石充填过程中,部分充填液将进入油气层,因此对充填液的性能应严格要求。

从携带砾石的角度考虑,要求它的携砂能力强,即含砂比高,以节省用量;并要求砾石在充填液中不沉降,使之形成紧密的砾石充填层,避免在砾石层内产生洞穴,以至在生产过程中发生砾石的再沉降,而使筛管出露失去防砂作用;还要求充填液在井底温度的影响下,或在某些添加剂的影响下,能自动降黏稀释而与砾石分离,以免在砾石表面包裹一层较厚的胶膜,使砾石堆积不实而影响填砂质量。

从保护油气层的角度考虑,要求充填液无固相颗粒,并尽可能防止液相侵入后引起油气层黏土的水化膨胀或收缩剥落。因此,理想的充填液应具备下列性能:

(1)黏度适当(约500~700mPa·s),有较强的携砂能力。

(2)有较强的悬浮能力,使砾石在其中的沉降速度小。

(3)可通过某些添加剂或受井底温度的影响而自动降黏稀释。

(4)无固相颗粒,对油气层伤害小。

(5)与油气层岩石相配伍,不诱发水敏、盐敏、碱敏伤害。

(6)与油气层流体相配伍,不发生结垢、乳化堵塞。

(7)来源广泛,配制方便,可回收重复使用。

目前国内外在砾石充填作业中主要使用的携砂液有以下几种:

(1)清洁盐水或过滤海水,其中加入适当的黏土稳定剂及其他添加剂,施工时的携砂比为50~100kg/m³。

(2)低黏度携砂液,黏度为50~100mPa·s,由清洁盐水或过滤海水中加入适当的水基聚合物和黏土稳定剂及其他添加剂组成,施工时的携砂比为200~400kg/m³。

(3)中黏度携砂液,黏度为300~400mPa·s,由清洁盐水或过滤海水中加入适当的水基聚合物和黏土稳定剂及其他添加剂组成,施工时的携砂比为400~500kg/m³。

(4)高黏度携砂液,黏度为500~700mPa·s,由清洁盐水或过滤海水中加入适当的水基聚合物和黏土稳定剂及其他添加剂组成,施工时的携砂比可达1000~1800kg/m³。所采用的水基聚合物如甲叉基聚丙烯酰胺凝胶、羟乙基纤维素和锆金属离子交链凝胶等。

(5)泡沫液,泡沫携砂液可用于低压井。由于泡沫液中气相体积分数占80%~95%,含液量少,不存在低压漏失问题。泡沫液的携砂能力强,充填后砾石沉降少,筛缝不容易被堵塞,对地层造成的伤害小。携砂液的选用见表5-9。

表5-9 携砂液的选用

施工对象和方法	低黏液	中黏液	高黏液	泡沫液
裸眼井	适用	可用	—	—
长井段	适用	—	—	—
低压漏失井	—	—	—	适用
高斜井	适用	—	—	适用
振动充填	适用	—	—	—
两步法第一步	可用	适用	适用	—
两步法第二步	适用	—	—	—
高密度挤压井	—	—	适用	—
低渗透地层	适用	—	—	适用

施工对象和方法	低黏液	中黏液	高黏液	泡沫液
高黏油地层	适用	—	—	适用
流砂地层	—	—	适用	—
清水压裂充填	适用	—	—	—
端部脱砂压裂充填	适用	可用	—	—
胶液压裂充填	—	—	适用	—

3. 压裂砾石充填防砂保护油气层技术

在砾石充填工艺上的突破主要是将砾石充填与水力压裂结合起来,称为压裂砾石充填技术,包括清水压裂充填、端部脱砂压裂充填和胶液压裂充填三种。其原理就是在射孔井上砾石充填之前,利用水力压裂在地层中造出短裂缝,然后在裂缝中填满砾石,最后再在筛管与套管环空充填砾石,三种方法对比见表 5-10。根据对某油田的研究,压裂充填与常规砾石充填的产能对比见表 5-11。

表 5-10　清水压裂充填、端部脱砂压裂充填、胶液压裂充填对比

项目 ＼ 充填方式	清水压裂充填	端部脱砂压裂充填	胶液压裂充填
处理目的	清除或绕过近井带由于钻井和固井造成的伤害	清除或绕过近井带由于钻井和固井造成的深部伤害	清除或绕过近井带由于钻井和固井造成的深部伤害
充填材料	石英砂或陶粒	石英砂或陶粒	石英砂或陶粒
前置液	盐水(清水)	低黏、低滤失、薄滤饼交联液	高黏度交联液(胶液)
携砂液	盐水(清水)	低黏、低滤失、薄滤饼交联液	高黏度交联液(胶液)
产生裂缝长度,m	1.5~3.0	3.0~6.0	7.5~15
井深,m	3000 以下	3000 以下	3000 以下
处理层段厚度,m	最大 152	最大 30	任意

表 5-11　某油田压裂充填与常规砾石充填的产能对比

井号	常规砾石充填产能 m³/(d·MPa)	压裂充填					
		清水压裂充填		端部脱砂压裂充填		胶液压裂充填	
		产能 m³/(d·MPa)	增加,%	产能 m³/(d·MPa)	增加,%	产能 m³/(d·MPa)	增加,%
5	31.11	126.81	307.6	127.13	308.6	158.65	409.9
10	35.80	84.85	137.0	84.35	135.6	98.05	173.9
14	32.31	57.10	76.73	59.02	82.67	70.74	118.9
11	56.46	89.35	58.25	97.57	72.81	260.73	361.1
28	119.7	156.23	30.52	154.29	28.91	183.51	53.32
33	55.94	100.43	79.53	101.93	82.21	131.82	135.6
平均	—	—	114.9	—	118.5	—	208.8

由表 5 – 11 可知,压裂充填后,产能大大增加,其原因可由图 5 – 15 得到解释。

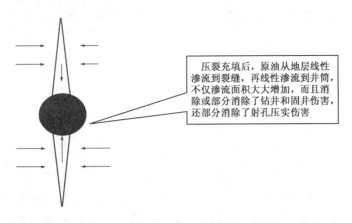

压裂充填后,原油从地层线性渗流到裂缝,再线性渗流到井筒,不仅渗流面积大大增加,而且消除或部分消除了钻井和固井伤害,还部分消除了射孔压实伤害

图 5 – 15 压裂充填后高产能的原因

为了搞好压裂砾石充填防砂保护油气层技术,需按以下几个要点实施:

(1)在可以进行压裂充填的层段,压裂充填的效果很好,与常规砾石充填相比,虽然成本增加,但压裂充填的增产作用明显。这主要是形成了裂缝、改善了渗流方式,消除或部分消除了钻井、固井伤害,同时也破坏了射孔所形成的压实带等原因所致。同时,压裂砾石充填的防砂效果还好于常规砾石充填的防砂效果。

(2)在清水压裂充填、端部脱砂压裂充填、胶液压裂充填这三种方式中,清水压裂充填、端部脱砂压裂充填的增产效果相当,这是因为两者形成的裂缝较短;而胶液压裂充填的增产效果最为明显,主要原因是胶液压裂充填能形成三者之中最长的裂缝,但成本最高。

(3)在采用了封堵技术的井中,由于钻井污染深度浅,建议采用清水压裂充填或端部脱砂压裂充填来解堵和增产;而在未采用封堵技术的井中,特别是表皮系数较高的井,由于钻井污染深度深,建议采用胶液压裂充填来解堵和增产。

(4)综合增产效果、施工成本、施工难易程度等多方面分析,凡是已证明能用清水将地层压开的井,应尽量使用清水压裂充填或端部脱砂压裂充填来解堵和增产;否则,采用胶液压裂充填来解堵和增产。

三、案例分析

绥中 36 – 1 油田属于低压稠油油田,目的层位于东营组下段,油层岩石胶结疏松,孔渗性极大。根据出砂判断方法进行综合判断,油井出砂将成为贯穿开发生产过程的主要问题,防砂则为生产开发及油层保护的重点和核心。根据绥中 36 – 1 油田地层纵向上层系多、含夹层(泥岩夹层、含水夹层)的特殊情况,决定采用下套管注水泥固井并在射孔套管内进行井下砾石充填完井。

(一)砾石充填的地层伤害

1. 常规砾石充填

常规砾石充填后的地层伤害较大,绥中 36 – 1 油田 6 口试验井的表皮系数经分解后见表 5 – 12 所示。表中的综合伤害表皮系数指钻井、固井、砾石充填液、地层细砂侵入造成的总表皮系数。

表 5 - 12 绥中 36 - 1 油田 6 口试验井表皮系数分解结果

井号	试井所得总表皮系数	综合伤害表皮系数	井斜表皮系数	射孔几何表皮系数	射孔压实表皮系数	射孔孔眼砾石充填表皮系数	环空砾石充填表皮系数
F28	9.43	2.16	-1.548	0.8206	4.38	3.58	0.0347
F33	9.8	4.66	-2.106	0.8706	4.40	1.95	0.0225
E1	1.35	-3.83	-2.712	0.7086	4.40	2.77	0.0128
D5	29.5	24.43	-1.732	0.8696	3.78	2.14	0.0127
D14	11.9	5.43	-1.102	0.7710	3.78	1.91	0.0131
D10	26.2	16.83	-1.330	0.7710	3.78	6.79	0.0340

对绥中 36 - 1 油田 6 口常规砾石充填试验井的四个作业环节所造成的伤害见表 5 - 13。

表 5 - 13 绥中 36 - 1 油田 6 口常规砾石充填试验井四个作业环节造成的伤害

井号	总表皮系数	钻井、固井伤害		射孔伤害		砾石充填伤害		砾石充填液、地层细砂侵入伤害	
		表皮系数	比例,%	表皮系数	比例,%	表皮系数	比例,%	表皮系数	比例,%
F28	9.43	3.834	40.66	5.206	55.21	3.615	38.34	-1.68	—
F33	9.8	3.439	35.09	5.109	52.13	1.973	20.13	1.222	12.46
E1	1.35	4.715	—	5.109	—	2.783	—	-8.55	—
D5	29.5	3.321	11.26	4.650	15.76	2.153	7.30	25.11	71.55
D14	11.9	3.508	29.48	4.55	38.24	1.924	16.17	1.923	16.16
D10	26.2	3.134	11.96	4.55	17.37	6.824	26.05	13.70	52.27
平均	17.366	3.659	21.07	4.813	27.72	3.298	18.99	4.621	26.61

2. 压裂充填

对 57 口胶液压裂充填井,用凝胶压裂液压开地层,裂缝长度 7.5 ~ 15m,裂缝中填满砾石,然后进行砾石充填完井。对 23 口清水压裂充填井,将泵速提到能用盐水压开地层,裂缝长度 1.5 ~ 3m,用盐水将裂缝中填满砾石,然后再用盐水进行砾石充填完井。砾石充填后的地层伤害及效果见表 5 - 14。

表 5 - 14 砾石充填后的表皮系数范围

充填类型	表皮系数	井数,口	所占百分比,%
57 口胶液压裂充填井（国外）	<0	17	30
	0 ~ 3	21	36
	3 ~ 5	6	11
	5 ~ 10	5	9
	>10	8	14
32 口清水压裂充填井（国外）	<0	6	26
	0 ~ 3	9	39
	3 ~ 5	2	9
	5 ~ 10	3	13
	>10	3	13

充填类型	表皮系数	井数,口	所占百分比,%
绥中36-1油田6口 常规砾石充填	<0	0	0
	0~3	1	16.67
	3~5	0	0
	5~10	2	33.33
	>10	3	50

从表5-14中可以看出,在57口胶液压裂充填井中,表皮系数≤5的占77%,而表皮系数>5的仅占23%;在23口清水压裂充填井中,表皮系数≤5的占74%,而表皮系数>5的仅占26%;在6口常规砾石充填井中,表皮系数≤5的仅占16.67%,而表皮系数>5的却占83.33%。显然,常规砾石充填井的伤害远大于压裂充填井。

(二)砾石充填方式产能预测及优选

压裂充填与常规砾石充填的产能对比见表5-15。

表5-15 压裂充填与常规砾石充填的产能对比表

井号	常规砾石充填	压裂充填					
		清水压裂		端部脱砂压裂		胶液压裂	
	产能 m³/(d·MPa)	产能 m³/(d·MPa)	增加,%	产能 m³/(d·MPa)	增加,%	产能 m³/(d·MPa)	增加,%
D5	31.11	126.81	307.6	127.13	308.6	158.65	409.9
D10	35.80	84.85	137.0	84.35	135.6	98.05	173.9
D14	32.31	57.10	76.73	59.02	82.67	70.74	118.9
E1	56.46	89.35	58.25	97.57	72.81	260.73	361.1
F28	119.7	156.23	30.52	154.29	28.91	183.51	53.32
F33	55.94	100.43	79.53	101.93	82.21	131.82	135.6
平均	—	114.9	—	118.5	—	208.8	—

分析表5-15可知:

(1)低渗地层常规水力压裂的增产倍数一般为2~4倍,泡沫压裂可达6~10倍。原因是裂缝长,导流能力/地层系数比值大。

(2)表5-15中,压裂充填的产能虽然达到常规砾石充填的100%~200%,但也只达到天然产能的80%~120%,远远低于低渗地层常规水力压裂的增产倍数。原因是地层渗透率高、裂缝短,导流能力/地层系数比值小。

(三)结论

由于绥中36-1油田地层纵向上层系多、含夹层(泥岩夹层、含水夹层)等特殊情况,决定采用下套管注水泥固井并在射孔套管内进行井下砾石充填完井。

针对管内井下砾石充填完井,优选出如下的充填方式:

(1)在可以进行压裂充填的层段,压裂充填的效果很好,与常规砾石充填相比,虽然成本增加,但压裂充填的增产作用明显。这主要是形成了裂缝、改善了渗流方式,消除或部分消除了钻井、固井伤害,同时也破坏了射孔所形成的压实带等原因所致。同时,压裂砾石充填的防砂效果好于常规砾石充填的防砂效果。

(2)在清水压裂充填、端部脱砂压裂充填、胶液压裂充填这三种方式中,清水压裂充填、端部脱砂压裂充填的增产效果相当,这是因为两者形成的裂缝较短,而胶液压裂充填的增产效果最为明显,主要原因是胶液压裂充填能形成三者之中最长的裂缝,但成本最高。

(3)在采用了封堵技术的井中,由于钻井污染深度浅,建议采用清水压裂充填或端部脱砂压裂充填来解堵和增产,而在未采用封堵技术的井中,特别是表皮系数较高的井,由于钻井污染深度深,建议采用胶液压裂充填来解堵和增产。

(4)综合增产效果、施工成本、施工难易程度多方面来看,凡是已证明能用清水将地层压开的井,应尽量使用清水压裂充填或端部脱砂压裂充填来解堵和增产;否则,采用胶液压裂充填来解堵和增产。

第四节　试油过程中的保护油气层技术

一、试油过程对油气层的伤害

国内把从完井后至油气井正常投产为止所经历的各种工序总称为试油,具体包括:射孔前工序、射孔、测试、解堵酸化、系统试井等。油气井根据具体状况,可能经历全部工序,也可能经历其中的若干工序。因此,试油过程对油气层的伤害,实际上也就是上述各种工序对油气层的伤害。本节仅讨论试油过程各工序配合不当对油气层的伤害。

有若干油气井,中途测试表明油气层受伤害并不严重,其产能较高。但完井投产后油气井的产能却很低,甚至完全丧失产能,因而有时误判为没有工业开采价值或为干层,常常延误了油气田的勘探、开发机遇。其原因往往是忽视了各工序环节配合不当所造成的压井液长期浸泡油气层的危害。具体表现在:(1)压井液性能不良对油气层伤害严重;(2)频繁起下管柱,增加压井次数;(3)各工序配合不紧凑延长压井时间等方面。由此可见,不注意试油过程对油气层的伤害,将会使钻井过程、完井过程中所采取的保护油气层技术功亏一篑。

二、试油过程中的保护油气层技术介绍

(一)采用优质压井液

由于压井液所形成的液柱压力大于油气层孔隙压力,若压井液性能不良必然会对油气层造成伤害。优质压井液必须具备以下性能:(1)与油气层岩石及流体相配伍;(2)密度可调节,以便能平衡油气层压力;(3)在井下压力和温度下性能稳定;(4)滤失量小;(5)有一定携带固相颗粒的能力。

压井液的选择要以油气层岩性、矿物成分和敏感性数据为依据,在模拟井下温度和压力的条件下,通过室内评价实验选择无伤害或伤害最小的压井液。

（二）采用多功能管柱

为了减少在更换工序时反复起下管柱、反复压井伤害油气层的机会，应采用下一次管柱完成多个工序的多功能管柱。

目前国内外已有的多功能管柱有：(1)射孔和地层测试联作管柱；(2)射孔和解堵酸化联作管柱；(3)射孔和有杆泵生产联作管柱。

（三）各工序配合紧凑缩短压井等候的时间

油气井试油过程的各个工序应一个紧接一个尽快完成，一定要防止一个工序结束后，长期压井等候另一个工序的现象，这是最容易被忽视的。压井液在井下时间越长，对油气层伤害越大。

（四）采用固化水技术

对于常规压力、低压、超低压地层，为了防止压井液伤害油气层，西南石油大学研究了一种称为固化水的压井液技术，在井下作业时，井筒中的压井液为非流动状态，不会漏失到地层，从而避免了对地层的伤害。施工结束后，采取简单措施可以使之变成可流动液体排出井外。

三、案例分析

江苏油田苏北区块是典型的复杂小断块低渗砂岩油藏，沉积类型多，油气层非均质严重，含油井段长，油层多而薄。油气层容易受到污染和伤害，开发难度较大。油田根据自身的实际情况，针对油气层伤害所采取的各种保护措施取得了良好效果。

（一）油气层保护技术措施

1. 深穿透射孔技术

针对江苏油田中低渗油气层特征，用深穿透、高孔密、大孔径的射孔枪弹（YD－102弹、YD－102枪装127弹）取代了威力较小的YD－89型枪弹，射孔后每米产液指数均有所提高，表皮系数、堵塞比有所降低，对改善低渗层的渗流条件起到了积极作用。

2. 防膨射孔液技术

江苏油田中孔低渗油气层较为典型，水敏在本油田许多区块普遍存在，油气层中的黏土矿物容易与射孔液作用发生膨胀、分散、水化、运移等，堵塞孔隙喉道，造成地层渗透率降低，伤害油气层，这种伤害一旦发生便很难解除。根据这一实际情况，江苏油田选用与本油田油气层配伍性良好的TDC－15型防膨液。现场的主要做法是用1%的TDC－15防膨液替至射孔井段，使射孔井段处于防膨液保护下，防止射孔液二次污染油气层。

3. 测试—抽汲联作技术

将地层测试技术与常规试油技术进行有机结合，一改过去笼统排液的方式，充分发挥各自的优势，利用测试管柱进行抽汲，达到取全取准油气层流体性质、渗流参数、渗流特征等评价资料的目的。该技术的优点在于：(1)排液量小，定性准确，容易搞清低渗低产层的真实面貌；(2)排除了井筒续流的影响，测得的地层参数更能代表地层的真实特征；(3)缩短了施工周期，提高了生产效率。

测试—抽汲联作技术的发展,适应了深井、低渗低产层试油的客观需要,在落实低渗低产井的产能和液性方面发挥了重要作用。它不仅能快速排液、求产,而且加大了抽汲强度,并在一定程度上解除油气层堵塞。

4. 助排工艺

江苏油田普遍为低压低渗油气层,因此,压裂酸化等增产措施施工后,排液是否及时、迅速,将在很大程度上影响最终试油效果。针对这个问题,对液氮助排、CO_2 助排等工艺进行了探索性的运用,取得了一定的效果。

(1) CO_2 助排。酸化施工时,用泵注法注入一个液态 CO_2 段塞或将液态 CO_2 在高压下同酸液混合挤入地层。当液态 CO_2 进入地层后,由于温度不断升高(超过 31℃,CO_2 始终保持气态),而施工后压力不断下降,液态 CO_2 体积不断膨胀,膨胀能量将挤推和携带酸液,往往无需抽汲即可排净残酸。与抽汲排液相比,CO_2 助排的速度更快,增产效果更明显,最大程度上降低了残酸对油气层的伤害。

(2)液氮助排。YC1 井 3942.8～3983.0m 井段,采用了复合酸酸化液氮助排工艺。酸化后自喷液 $10.9m^3$,此后抽汲排液过程中,滞留在油气层中的液氮起到了携带液体进入井筒的作用,使得残酸及时排出,增大了措施效果,酸化后日产气量由 $495m^3$ 上升到 $2083m^3$。该技术的应用,一方面保证了残酸的及时排出,减少了残酸对油气层的二次污染;另一方面大大提高了排酸效率,一定程度上增大了措施效果。

HX18 井 3418.7～3461.4m 井段,针对该井低渗透、高压力系数的特点,采用压裂后液氮助排工艺,共注入 $2899m^3$ 氮气,及时排出压裂液,释放油气层,使油井获得自喷工业油流。

5. 跨隔测试技术

跨隔测试技术是一项已经在江苏油田得到成熟应用的先进测试工艺,该工艺使用双封隔器对测试层上下进行密封,实现一趟管柱完成封堵、测试、解堵三道工序。具有时间短、速度快、效率高、成本低、劳动强度低等特点,是分层试油的理想工艺手段。常规试油工艺在钻桥塞过程中形成的碎屑易对地层造成二次污染,堵塞通道,影响产量,即使使用可捞式桥塞,在捞桥塞时的冲砂洗井也会对油气层造成二次污染,而使用跨隔测试技术则可有效地避免。

6. 改进试油工艺流程,提高试油速度

常规试油工艺流程如下:

$$下管柱 \rightarrow \begin{cases} 通\quad井 \\ 洗\quad井 \\ 替防膨液 \end{cases} \rightarrow 起管柱 \rightarrow 射孔 \rightarrow 下管柱 \rightarrow 排液 \rightarrow 求产 \rightarrow 测压 \rightarrow 成果$$

科学试油工艺流程如下:

$$下管柱 \rightarrow \begin{cases} 通\quad井 \\ 洗\quad井 \\ 替防膨液 \end{cases} \rightarrow 起管柱 \rightarrow 下管柱 \rightarrow \begin{cases} 射孔 \\ 测压 \\ 求产 \end{cases} \rightarrow 起测试管柱 \rightarrow 成果$$

科学试油工艺同常规试油工艺相比,每层试油排液及测压这两个过程可相对缩短。生产实践证明,应用科学试油工艺流程可提高试油速度,缩短试油周期,避免常规试油可能对油气层造成的二次伤害。

（二）结论和建议

（1）根据江苏油田的地质特征,优化射孔工艺,采用酸化压裂等技术,可降低油气层伤害,恢复和提高近井筒附近地层的导流能力,确保试油工作顺利完成。

（2）油气井试油过程中的各个工序要紧凑,要防止一个工序结束后长期压井等候另一个工序的现象,压井液在井下时间越长,对油气层伤害越大。

知 识 拓 展

水平井裸眼滑套分段压裂完井见视频5-2。

视频5-2 水平井裸眼
滑套分段压裂完井

复习思考题

1. 什么叫完井工程?

2. 合理的完井方式应该满足哪些要求?

3. 目前国内外油气田用得最多的常规完井方法有哪几种?

4. 什么叫固井? 固井质量和保护油气层之间有何关系?

5. 固井作业中,水泥浆对油气层产生伤害的原因可归纳为哪几个方面?

6. 通过采取哪些措施可以提高固井质量?

7. 为什么砾石填充完井一般都是使用不锈钢绕丝筛管而不使用割缝衬管?

8. 射孔工艺和参数对油井产能有何影响?

9. 射孔对油气层的伤害可归纳为哪几个主要方面?

10. 油层出砂的机理是什么?

11. 保护油气层的防砂完井技术有哪些?

12. 试油过程对油气层的伤害具体表现在哪几个方面?

第六章
油气田开发过程中的保护油气层技术

　　油气田开发的目的是尽可能多采油采气，故在进行油气开采的时候，不管采用何种开发方式，不管采用何种工艺措施，其最终都是为了油气井的稳产和增产。油气层一旦打开，油气开采、增产、修井、注水、热采等每一项作业过程中均可能使油气层受到伤害，防止地层伤害，保护油气层是油气井稳产、增产，实现少投入多产出、获得较好经济效益的重要措施之一。

　　油气层一旦打开后投入开发生产，其压力、温度、储渗参数等都会发生相应的变化，而油、气、水都会不断进行重新分布，岩层的储渗空间、油气水的相对渗透率等也会不断地发生改变。同时，为了维持油气井稳产、增产而采用各个作业环节带给油气层的各种入井液体及固相微粒也参与了以上变化。这些变化是：

　　(1)在油气层的储集空间内，油、气、水不断重新分布。例如：注蒸汽、注水、注气引起含水、含气饱和度改变；注入水、边水指进、底水锥进等造成的油井原油产量下降而采出水增多。

　　(2)油气层的岩石储渗空间不断改变。例如：入井流体带入的外来固相的侵入、黏土矿物水化膨胀、入井流体引起的油气层酸敏伤害与碱敏伤害、细菌堵塞、各种垢的堵塞作用和应力敏感，引起储渗空间减小，甚至堵塞孔道。

　　(3)岩石的润湿性改变或润湿反转。例如：各种入井流体使用的阳离子型表面活性剂能吸附到油气层岩石表面，使之从水润湿变成油润湿，导致有效渗透率的降低；当油气层压力降到低于饱和压力时，气体不断地从油中析出，有机垢沉积下来使油气层岩石表面变成油润湿。

　　(4)油气层的水动力学场(压力、地应力、天然驱动能力)和温度场不断破坏和不断重新平衡。例如：注蒸汽使地层压力、温度升高，降低了油的黏度，使油的相对渗透率增加，但是，由于热蒸汽到地下冷却后可凝析出淡水，很可能会造成水敏伤害；油气井随着开采时间的延长，地层能量逐渐降低，通常注水补偿这部分能量，但是注水也造成多种地层伤害。

　　从上述四方面的变化可以看出油气层开发过程中油气层伤害与钻井、完井相比具有如下特点：

　　(1)伤害周期长。与钻井、完井的时间相比，油气井开采时间更长，故油气层伤害几乎贯穿于油气田开发生产的整个生命期。

　　(2)伤害范围宽。涉及油气层的深部而不仅仅局限于近井地带，即由点(一口井)到面(整个油气层)。

　　(3)更具有复杂性。井的先期伤害程度各异，寿命不等，故为了维持生产而采取的工艺措施种类多而复杂，相应油气层伤害类型和程度更为复杂。

　　(4)更具叠加性。每一个作业环节都是在前面一系列作业的基础上叠加进行的，加之油田开采中、后期，油田作业的频率比开采初期明显增高，前面作业环节对油气层的伤害可能导致下一步作业伤害更加严重，因此，伤害的叠加性强。

油气田开发生产中油气层保护技术的核心是防止油气层的储渗空间的堵塞和缩小，控制油、气、水的分布，使之有利于油气的采出。

第一节　采油中的保护油气层技术

对于采油过程，无论是采用什么开采方式，自喷、气举或是机械采油（包括深井泵、电潜泵和水力活塞泵采油），仍然存在着油气层被伤害的可能性。采油生产中没有外来流体进入油气层，故油气层伤害不再是入井外来流体（钻井液、完井液、修井液）引起的伤害，而主要是生产压差过大或开采速率过高造成的伤害。

随着油气田开采的进行，油气层压力日益降低，为提高产量或稳定产量，各种增产、修井、注水等作业措施都施加到该油气层，而这些作业措施均可能使油气层受到伤害，使之储渗空间进一步堵塞和缩小，这会导致采油工程中伤害进一步加剧。

一、采油中油气层伤害分析

采油工作制度不合理是指生产压差过大或开采速率过高，故采油生产中造成伤害的最直接的原因是工作制度不合理。下面对其导致的伤害进行分析。

（一）采油工作制度不合理，地层小颗粒运移

由于生产压差过大或开采速率过高，油流在临界流速以上时，增加了产层流体对砂粒的摩擦力、黏滞力和剪切力，使油气层疏松部分小颗粒脱落，例如，产层中高岭土、伊利石、微晶石英、微晶长石等小微粒就可能进行运移，在孔喉处易产生沉积堵塞。胶结疏松的易出砂地层，油层流体高速至临界生产速度，岩石骨架和胶结物的强度受到破坏，微粒开始运移，很容易发生出砂堵塞，伤害油层。另外，在含泥质的地层中，长时间注水开发或注蒸汽开发，黏土水化膨胀，使砂和黏土胶结强度进一步降低，油层流体高速冲刷使颗粒运移堵塞可能性进一步加大。

（二）油层应力敏感伤害

在石油开采过程中，由于油层上覆地层岩石压力固定，生产压差过大或开采速率过高，随着原油的采出，油层的孔隙压力急剧下降，上覆岩石压力与油层孔隙压力之间就产生一个较大的有效应力，使油层孔喉收到压缩，裂缝闭合，使之储渗空间缩小，伤害了油层渗透率，这种伤害在低孔低渗油层、特低孔特低渗油层、页岩油气层尤为突出。

（三）采油工作制度不合理，油层过早见水

由于生产压差过大或开采速率过高，发生底水锥进、边水指进，造成油井过早出水。原来的单相流（油）变为两相流（油、水），油的相对渗透率降低，油气层受到伤害。另外，由于生产压差过大或开采速率过高，油和水高速搅动，如果原油中含有天然乳化活性物质（油层中某些小颗粒也有一定的乳化能力）或其他作业进入油层的乳化剂，油和水就可能形成乳状液，该乳状液使油流黏度增加，降低油的有效流动能力，当乳状液尺寸合适堵塞在地层孔喉时，就会产

生乳化堵塞,降低了油的相对渗透率,油气层受到伤害。

(四)结垢堵塞

油气田一旦投入生产,就有油气从油气层中采出,原有的热动力学和化学平衡被打破造成结垢,通常分为无机垢和有机垢两大类型。

1. 无机垢

油田开发(特别是注水开发)的结垢现象非常严重。常见的无机沉淀有碳酸钙($CaCO_3$)、碳酸锶($SrCO_3$)、硫酸钡($BaSO_4$)、硫酸钙($CaSO_4$)、硫酸锶($SrSO_4$)等。其中大庆油田、中原油田、江苏油田、吉林油田以碳酸盐结垢为主,长庆油田、华北油田等以硫酸盐结垢为主。这些油田结垢现象给油层造成了严重的结垢伤害,使得采收率降低、注水井作业周期的缩短、设备的磨损或垢蚀、管道报废等严重影响油田的正常生产和开发效益。

产生无机沉淀的主要原因有两个:第一是随着生产过程中外界条件的变化,地层水中原有的一些化学平衡会遭到破坏,平衡发生移动而产生沉淀。在地层压力、温度、pH 值及盐度合适的条件下,一些矿物(如 $CaSO_4$、$CaCO_3$)溶解于水中达到最大浓度,水通过地层进入井筒中或被注入到地层中时,由于温度和压力下降,使其所含的溶解固体的平衡条件发生变化,水溶解矿物的能力下降,形成过饱和现象,导致沉淀而生成水垢。例如,油层高压条件下,地层原生水中 $CaCO_3$ 是溶解的,在向压力较低的井筒流动时,CO_2 析出,水组分改变,$CaCO_3$ 溶解度下降并析出沉淀。第二是油井施工入井液、注入水等外来流体与地层流体不配伍造成结垢。例如,注入水与地层直接生成 $CaCO_3$、$CaSO_4$ 沉淀,或 $BaSO_4$、$SrSO_4$ 沉淀或兼而有之;注入水中溶解氧对金属腐蚀,产生一定量 Fe^{2+},地层水中含有 S^{2-} 反应生成不溶解的 FeS 沉淀。

这些沉淀可吸附在岩石表面成垢,缩小孔道,或随液流运移在孔喉处堵塞流动通道,使注入能力及产量下降。

2. 有机垢

油层中有机垢主要来源于原油中的石蜡、胶质和沥青质。打开油层后,油藏流体组成、温度和压力发生变化,原来的流体平衡被破坏,原油中的蜡、胶质和沥青质析出并沉积下来,形成有机垢,堵塞油流孔道。例如,外来流体中含有的氧气与原油接触,与原油发生氧化作用,使原油中的不溶性烃类衍生物增多,而析出沉淀;外来流体中含有的二氧化碳溶于含沥青质原油中也会引起沥青质沉淀;外来流体为酸性或低表面张力流体,它也有利于有机沉淀生成。原油中轻质组分越多,蜡的始凝点越低;原油中溶解气量越多,溶解蜡的能力越强。生产过程中,近井地带的流体压力常低于地层平衡压力,这就导致原油中的轻质组分和溶解气挥发,使蜡在原油中的溶解能力减弱,使凝点下降而析出。

(五)脱气

当油气层压力降到低于饱和压力时,气体不断地从油中析出,气泡之间并未连通为连续相之前,孔喉处气泡很容易发生气锁堵塞,另外,油气层储渗空间的流体由单相流变为油、气两相流动,这些都造成了油的相对渗透率下降,影响最终采收率。

(六)化学处理剂的影响

钻井液、油井增产措施中所用流体等所有入井流体使用的化学处理剂或多或少都对地层产生伤害。例如,注水用黏土稳定剂防膨率即使达到 99.5%,长时间使用这 0.5% 的膨胀率叠加起来也不少,因此化学处理剂的使用应该要慎重,入井流体用缓蚀剂和破乳剂(通常是阳离子表面活性剂)对某一种施工效果来说很好,但是,重复使用阳离子型表面活性剂易造成其吸附在岩石表面上,使岩石由水湿变为油湿,减少了地层对油的相对渗透率。

二、采油中对油气层的保护技术

(一)坚持预防为先

不同油田有不同的储层特征和潜在伤害因素、油田开发要求等,在编制开发方案时就应该制订出防止油层伤害的基本技术和措施。例如,当油气层为中、高渗的疏松砂岩时,应优选建立合理的井底结构和防砂完井措施(机械防砂、化学防砂),以减少油气层伤害;当油层高含蜡时,要尽可能地预蜡从油中析出,关键在于维持较高的地层压力和温度,若技术条件允许,使用油管内衬(如玻璃衬里)、涂料油管,或使用长效防蜡剂,开发效果更为有效;对于碳酸岩地层,要尽量避免在采油过程中产生碳酸钙沉淀堵塞孔道,除了采用合理的生产压差和采油速度外,有时可适当地投放添加剂,例如乙胺四醋酸,破坏产生碳酸钙沉淀的平衡条件,防止碳酸钙沉淀产生。

(二)合理确定采油工作制度

根据油气层的储量大小、集中程度、地层能量、压力高低、渗透性、孔隙度、疏松程度、流体黏度、含气区与含水区的范围,以及生产中的垂向、水平向距离,通过试井和试采及数模方案对比,优化得出采油工作制度。然后作室内和室外矿场评价,最终确定应采用的工作制度。当然,制度确立后,要定期检泵、洗井、精心维护采油设备等来确保生产压差保持平稳。另外,油井生产投产前、中、后期等不同阶段,油层储层特征和伤害程度均是变化的,故应该对油层进行动态分析以确定合适的采油工作制度。

(三)保持地层压力开采

保持地层压力开采,可以延缓或减少原油中溶解气在采油生产中的逸出时间,可避免气相的出现和压力降低引起有机垢(析蜡)、无机垢、两相流等伤害发生,提高采收率。应该采用保持地层压力的开发方针,目前常用注水和注气两种方式,我国多数油田采用注水甚至早期注水开发,这对防止地层伤害也是非常有利的措施。

(四)控制油气井过早见水和含水率

油气井过早见水和含水率上升引起无机垢、乳化堵塞、润湿反转等伤害发生,不利于提高采收率。

目前,解除采油中油气层伤害的方法还不够完善。国内外常用的方法有以下几种:(1)控制生产压差及限制产量,对缓解沉淀和出砂有一定的抑制作用;(2)解除无机垢的堵塞,如水洗、注抑制剂、酸洗等方法;(3)解除有机垢的堵塞,如热洗或热油清蜡、高分子芳烃化合物的溶剂溶解沉淀物、化学添加剂和苯类混合物可抑制沥青质沉淀等方法;(4)用现代物理方法解堵,如磁化、震荡、超声波等方法;(5)地层酸化、压裂等。

采油过程中,没有外来入井流体和入井固相微粒诱发地层潜在伤害内因产生伤害,但伤害仍然存在,主要是生产压差过大、采出速率过高造成的。因此,采油过程中油气层保护技术的关键是控制合理的工作制度。

第二节　采气中的保护油气层技术

采气工艺与自喷采油法基本相似,都是在探明的油气田上钻井,并诱导气流,使气体靠自身能量由井内自喷至井口。采气生产与采油过程伤害有一定相似之处,但是其伤害不再是入井外来流体引起的,气层内流动的流体除油和水以外,更大量的是天然气,故气层伤害有其特殊之处。另外,目前低渗透气藏资源量很大,气层普遍具有低孔、低渗、强亲水、大比表面积、高含束缚水饱和度、高毛管压力和低气层压力等特点。这些特点决定了气层易受到伤害,并且一旦伤害,解除比较困难。因此进行气层保护也是十分重要的。

一、采气中气层伤害分析

(一)速敏伤害

在气田的开采过程中,由于生产压差过大或开采速率过高,气流在临界流速以上时,对气层岩石产生冲蚀,可能会使气层中的微粒发生运移,微粒运移到孔喉处也可能产生堵塞,造成气层渗透率降低,而引起气层的流速敏感性,另外,气体的黏度远小于原油,故同压差作用下,气流流速更快,冲蚀作用更强。对于比较疏松、出砂可能性较大的气层,尤其要注意控制天然气的产量,尽量避免发生流速敏感性伤害,若产量过大(生产压差过大),地层出砂甚至于垮塌。

(二)气层应力敏感伤害

气层的气层应力敏感伤害与油层伤害机理基本相同,需要考虑的是由于气体可压缩性能远大于原油,即气体的支撑能力远弱于油层,同等条件下,气层孔喉更容易被压缩,裂缝更容易闭合,使之储渗空间进一步缩小,伤害更大。一般来说,低渗、低产、低压和低丰度的致密砂岩气藏,若弹性开采速度过快,常伴有较强应力敏感性;气层孔喉结构在成岩压实作用下变得异常稳定,外部应力对其影响较小,但岩石颗粒间的泥质胶结物等在应力影响下极易变形,导致孔喉减小甚至闭合,大幅度降低气层渗透率(较强应力敏感性);另外,应力敏感性最强的为杂乱胶结岩石,其次为接触胶结、孔隙胶结类岩石,最差为基底类型的胶结。

(三)气层水侵伤害

在气藏开发过程中,生产压差过大,造成短时间内在生产层位处形成较深的压降漏斗,结果当产层处压力低于水层压力时,造成气层中地层水向产层周围快速横侵和纵窜,从而对产层造成一定程度的伤害:(1)气藏产水后,地层水会沿裂缝(高渗透带)窜入,对气藏产生有害分割,形成高压死气区,使最终采收率降低,还有30%～50%以上的储量采不出来。(2)气井出水后,在毛管压力作用下,一方面侵入水向主干裂缝两侧的支缝网络的孔隙介质中渗吸(产生水锁效应),一般来说气层孔喉越小,水锁效应产生的附加阻力也越大;另一方面,在发生水敏、盐敏后的砂岩气层,水锁的影响常常使气层的有效渗透率完全丧失,故水锁效应降低了主裂缝中气流的补给能力和气相渗透率,气产量下降,采气速度降低,气藏递减期提前,气层的一部分渗流通道被水占据,单相流变为两相流,增大了气体渗流阻力,使产气量大幅度下降,递减加快。(3)气井出水后水气比增加,造成油管中两相流动,使压力损失增加,井口流动压力下降,严重时会造成井筒积液,产气量下降,甚至造成气井过早停喷,大大缩短了气井寿命,生产逐渐恶化乃至因严重积液而停喷。(4)地层水矿化度高,易造成井下工具、设备管道腐蚀等,严重威胁气井的正常生产,同时也存在地层水无机垢沉积问题。

(四)气层油侵伤害

对于凝析气藏,在初始气层状态下呈气相,气层流体相态随压力、温度、组分的不同而发生变化。地层压力低于露点压力时,凝析油在近井地带析出,吸附于岩石表面,形成吸附液膜,该液膜不参与流动,将减少渗流通道,气层的一部分渗流通道被油占据(图6-1),单相流变为两相流,增大了气体渗流阻力,降低了气相相对渗透率,使产气量大幅度下降。

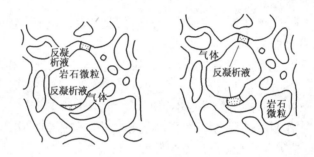

图6-1 凝析油伤害示意图

另外,凝析油占据支缝网络的孔隙介质中,降低了主裂缝中气流的补给能力,部分被封闭的天然气无法带出,层内凝析对气层的伤害有可能是永久性的;凝析气在流入井眼时,由于温度和压力的改变,可能会有凝析油析出;凝析气从井底上升到井口过程中,随温度和压力(井底流压低于露点压力)的降低可能会有凝析油析出,当气体携液能力差不足以携带出时,油缓慢在井筒附近聚集,在井底产生回压,导致气井产量下降,甚至导致气井停产。一般来说,即使是很贫的凝析气藏,凝析油聚积引起的产能下降也应给予足够的重视。

一般来说,气层孔隙度越小、渗透率越低、孔喉连通性越差,上述四种伤害越严重,部分气田可能会出现一种伤害,也可能会出现多种伤害,应该具体情况具体分析。

二、采气中对气层的保护技术

(一)气层预防治理

针对不同的气层特征和潜在伤害因素,应该制订出防止气层伤害的基本技术和措施,通过开采期间进行预防保护,从而很大程度上避免或降低气层伤害,减轻后期繁琐的治理工作,进而从根源上减少气层伤害。在未明确气层伤害机理前,应尽量避免进行解堵或增产作业,防止气层二次伤害,影响气层解堵治理效果。例如,对于有底水的气井,可以采取以气带水自喷方式生产,当气层能量降低到不能自喷时,用化学剂或机械方式人工排水;对于边水能量大(水体大、压力高)的气藏,在气水界面处适当布置一些开发井,以尽可能大量排水为目的,实行早期气水同采,使水区压力与气区压力同步下降,阻止边水侵入含气区;对于带油环或底油的裂缝型有水气藏,早期主要采油和排水,同时采少量气,既可以利用天然能量多采油和降低含水区压力,也可以提高天然气采收率和经济效益;对天然气和水中酸性气体含量较高的气井,要尽量选择非机械助排技术,气举排水采气技术、泡沫排水采气技术就比较合适,而射流泵排水采气技术、电潜泵排水采气技术容易受到酸性气体的腐蚀。

(二)确定合理的工作制度

气井合理工作制度的确定在整个气藏的开发过程中起着至关重要的作用。确定气藏合理的工作制度应满足的条件是:

(1)气藏应保持较长时间稳产。稳产时间的长短不仅与气藏储量和产量的大小有关,还与气藏是否有边底水及其活跃程度有关。

(2)对有水气藏,应使气藏压力均衡下降。气藏压力均衡下降可避免或减缓边、底水舌进、锥进,避免出现气藏水侵。

(3)气井无水采气期长,无水期采气量高,若气井见水,设计一个合理的生产压差,气井能依靠自身能量把流入井筒的水全部连续排出井口。

(4)气藏开采时间相对较短,但需要避免生产压差过大造成的速敏和应力敏感伤害,保护气层提高采收率。

(5)保证生产过程中气井不出砂,井底不积液。

通过对气井合理工作制度进行优化,可提高气井的稳产年限和采出程度,是气藏科学、高效开发的前提条件,也是实现最大经济效益的保障。目前主要采用经验法、采气曲线法、临界携液流量法对气藏气井合理工作制度进行确定。

(三)及时排液

早期出水后的气井要控制生产压差来控制水侵,同时要采用"三稳定"(气水产量、井口压力和气水比相对稳定)排水采气工作制度,针对有水气井不同的生产类型和特点,优选使气水两相管流举升效率最好的井口角式节流阀开度,把流入井筒的水全部带出地面,达到延长气井气水同产的目的。

随着气井开采的自然递减,气井的压力、产量均会有不同程度的下降,从而降低天然气的携液能力,当携液能力差不足以排出气井出液,井筒就会存在积液,必须采用一定排水工艺及时排除井筒积液,降低井底回压,保证正常采气。较成熟排水采气技术可分为机械法和物理化学法,机械法包括优选管柱排水采气技术、气举排水采气技术、电潜泵排水采气技

视频6-1 气井—泡沫复合排水采气技术

术、柱塞排水采气技术、射流泵排水采气技术、机抽排水采气技术等;物理化学法主要是泡沫排水采气技术。这两类排水采气技术都是中浅层气田比较成熟的开采技术,也是现场使用较多的技术方法。此外,在实际生产中,还有一些复合技术,比如气举—泡排复合排水采气技术(视频6-1),它是集气举、泡排两种工艺于一体的排水采气技术,它将两项工艺有机地结合在一起,进一步降低气液流动过程中的滑脱损失,是连续气举工艺技术的深化和发展,较单一工艺的生产更稳定。

(四)注气保持压力

凝析气藏开发过程中反凝析现象导致气井产能急剧下降,开发中后期反凝析影响更普遍,由于反凝析影响使得一些气井相继停喷,放喷或改进低压流程都难以正常生产。

目前世界上主要有两种技术方法解决反凝析问题:一是循环注气来保持地层压力,该技术适用于气层连通性好、处于开发初期、反凝析污染程度低的凝析气藏,随采出气的注入地层及时保持地层压力,确保地层开采过程中,地层压力始终高于露点压力,有效防止反凝析现象出现,极大提高气藏采收率。二是单井注气吞吐,主要适用于衰竭式开采中后期、气层连通性差、反凝析严重的低渗凝析气藏,当向凝析气井注气后,由于注入气与凝析油间的传质作用使得近井带反凝析油饱和度降低,注入量越大,波及的半径越大,反凝析油降低得越多。当凝析油饱和度降低后,气相相对渗透率得到提高,凝析气井产能得到恢复,说明注气吞吐的反凝析油堵塞得到了解除。而且,注入气越多,含油饱和度降低得越多,气相渗透率恢复的越高。

(五)选用适当解堵工艺

目前天然气储层存在的固相伤害和液相伤害:针对固相伤害,主要通过旁通堵塞带,通缝扩喉,提高气层渗透率;针对液相伤害,主要通过降低界面张力,减小气液两相渗流阻力,蒸发液相,改善近井筒地带渗流环境。目前国内外解堵技术较多,在此主要介绍下目前运用较广、施工效果较好的一些解堵技术情况,详见表 6-1。

表 6-1 常见天然气储层解堵工艺一览表

指标	水力压裂	基质酸化	注表面活性剂	注甲醇	注 CO_2 吞吐	循环注气
适用范围	主要用于砂岩油气藏,沟通非均质性构造油气储集区,扩大供气区	解除近井地带的污染,恢复或提高气层的渗透率	通过降低界面张力解除水锁伤害,不发生化学溶蚀	主要针对液相滞留造成的水锁及反凝析造成的油锁伤害	解除气藏反凝析伤害,提高气层气相相对渗透率	储量较大凝析气藏,需要保压开采气层
投资成本	投资高,需要专门的地面和井下设备	投资较低,无需动用其他专用设备	经济成本低,无需专用设备	投资较低,无需动用其他专用设备	投资较高,需动用专用设备	需专门注气设备,投资成本高
风险分析	风险大,施工过程中出现设备故障概率大	风险低,易完成	风险低,易完成	风险低,易完成	风险低,易完成	风险大,施工过程中出现设备故障概率大
其他问题	目标层温度高,对压裂液性能要求高	高温会加大酸岩反应速率,影响酸化效果	无法解除固相伤害,解堵方式偏向保守,解堵范围和力度有限	地层矿化度较高,可能发生盐析伤害	注 CO_2 对管柱具有一定腐蚀性,气源受限	投产周期较长,采出气不能马上用于销售

随着气井压力逐年降低,气层抗污染的能力也在下降,在后期作业施工中为了防止新伤害的产生,施工中所采用的入井液和工艺措施应与油气层岩石特性和流体性质配伍。

第三节　注水中的保护油气层技术

通过注水井向油气层注水补充能量,保持地层压力,是一种常规提高产量、提高采收率的措施和采油方法。注水过程中,由于外来入井流体(注入水)流入油气层,必然要与油气层的岩石和流体接触,将发生各种伤害。注水过程示意图如彩图6-1所示。

彩图6-1 注水过程示意图

一、注水中的油气层伤害分析

(一)注入水与地层岩石不配伍造成的伤害

1.水敏伤害

油田在注水过程中,当注入水矿化度低于地层水矿化度时,油气层中的黏土矿物尤其是蒙脱石就容易发生水化膨胀或分散、脱落等,即使此时蒙脱石的含量很少,也可能诱发与其共生的伊利石、高岭石以及其他微粒的脱落、运移等,从而减小了油气层的有效孔隙通道,使油气层有效孔隙度和有效渗透率大大降低,导致注水压力升高,甚至会造成注不进水的严重后果。不同的油气田、不同的油气层所含黏土的数量及类型不同,其水化膨胀性也不一样;同时,对不同的油气田、不同的油气层所注入水的矿化度也不同,因此黏土矿物的水化膨胀性也有很大的区别,故对某油气田、某油气层的储层特性和注入水的矿化度范围应作具体分析。

2.速敏伤害

注水过程中的微粒运移现象是指由于流体流速较高,使油气层中原有的颗粒脱落下来,随流体发生移动,从而在孔隙通道中堆积起来或形成桥堵而阻挡流体流动的现象。实践研究表明,微粒运移的程度与储层岩石中流体的流动速度成正比,会随流体流动速度的增加而增加,油气层微粒开始发生运移的流体流动速度称为临界速度,只要注水速度在临界速度以上,就可能会造成地层中的微粒脱落、运移,使油气层有效渗透率下降。

一般而言,能运移的地层微粒数量越高,微粒直径越大,孔道和喉道越小,该地层速敏可能越严重。

3.岩石表面润湿性反转伤害

油藏岩石的润湿性直接影响到注水开发过程中的水驱油的驱替效率。理论研究和岩心驱替实验均表明:在水驱油过程中,水湿岩心的毛管压力是水驱油的动力,有利于注水开发,水驱油效率高,残余油主要以油滴形式存在;油湿岩心的毛管压力是水驱油的阻力,对注水开发不利,使得水驱油效率低,残余油主要以油膜形式存在。不少地层是水湿的,这种水湿的地层变成油湿后,可以将油的渗透性平均降低约40%,这种地层油湿伤害的影响对气井也有不良作用。

在注水开发过程中油藏岩石的润湿性反转影响因素有:(1)在注水过程中,进入储层的水温度一般低于储层温度,而使原油温度降低随着油层温度逐渐下降,流体黏度上升、渗流阻力增加,岩石水润湿性减小,油润湿性上升,特别是沥青质、蜡质含量高的储层,这种水对地层造成"冷"伤害更严重,沥青、蜡质析出甚至于堵塞注水通道。(2)注入水中矿化度升高时,沥青在原油中的溶解度下降,导致沥青质的沉降,而沥青层沉降可使岩石表面亲油性增强,亲水性减弱;另外,注入水中高价阳离子含量升高,也会导致岩石表面亲油性增强。(3)注入水中的表面活性剂、防腐剂、杀菌剂、破乳剂(通常是阳离子表面活性剂)吸附在岩石表面上,使岩石由水湿变为油湿,减少了地层对油的相对渗透率。

(二)注入水与地层流体不配伍造成的伤害

1. 结垢伤害

注水过程中,注入水与地层水不配伍会引起结垢伤害,主要是指无机垢。地层产生结垢伤害主要由于以下一个或者多个原因:(1)不相容水的混合,例如注入水与地层水直接生成 $CaCO_3$、$CaSO_4$ 沉淀,或 $BaSO_4$、$SrSO_4$ 沉淀或兼而有之。(2)温度和压力的变化,例如,当注入水中溶解有 $Ca(HCO_3)_2$、$Mg(HCO_3)_2$ 等不稳定盐类,注入地层后,由于温度变化,这些溶解盐被析出生成沉淀,堵塞地层,降低吸水能力。

注入水与地层水不相容引起的结垢伤害主要发生在注水的初期,而注入水和地层水本身由于条件变化而产生的结垢伤害则会贯穿整个注水过程始终。

2. 乳化油滴与残余油伤害

注入水可能产生乳化油滴伤害,其中乳化油滴的来源主要有以下两种途径:一是注入水进入地层以后与地层中残余下来的原油接触,由于原油中本身带有的天然表面活性剂,使其在剪切力作用下会发生乳化而形成乳化油滴;二是由于在水中含有表面活性剂,在注水过程中的水力搅拌发生乳化,也可能在地层内形成乳化油滴。乳化油滴在地层渗滤面堵塞,或侵入地层,附着在孔壁、喉道内,产生水锁效应和贾敏效应,增大地层流体的流动阻力,从而影响水驱效果。

含有污水回注时,注入水含有残余油珠,在含油饱和度低的高含水区,油珠被截流在井眼周围地层岩石孔隙中,造成油气层孔隙喉道的堵塞。另外,注入水中含有的油滴还可能会与水中的其他悬浮颗粒相融合,从而造成油气层孔隙喉道的堵塞加重,油气层渗透率下降幅度增大。

一般来说,随着注入水中油珠含量的增加,对油气层的堵塞程度增加。注入水中油珠含量一定的情况下,油气层渗透率越小,堵塞的伤害作用越大。

3. 注入水中细菌伤害

注入水中存在的细菌主要从以下两个方面对油气层造成伤害:一是由细菌产生的黏性物质和由其导致的地层岩石颗粒发生的运移容易使注水井的渗流通道和过滤器发生堵塞;二是注水管线等设备容易受到细菌的腐蚀,造成管壁穿孔等危害,同时由细菌产生的大量腐蚀产物进入地层以后,会堵塞油气层注水通道和降低油气层有效渗透率。

硫酸盐还原菌、腐生菌和铁细菌是我国油气田注水中危害最严重的菌种。只要油气层中有适宜细菌生长的条件,细菌进入后,它们就会繁殖很快,并常以菌络形式存在,由于这些菌络体积较大,可能会堵塞孔道;另外,它们的代谢作用生成的产物硫化亚铁和氢氧化铁沉淀也会堵塞地层。例如当硫酸盐还原菌具有较强的活性时,水中的 SO_4^{2-} 被这种菌还原成 H_2S,H_2S 会与水中的 Fe^{2+} 起反应,从而形成一种很难溶解的胶态 FeS 沉淀物,造成注水井堵塞。

细菌对油气层的伤害多发生在近井地带。细菌在井眼周围的繁殖半径与注水时间及地层渗透率有关,长期注水井中的细菌繁殖要比短期注水井中的细菌繁殖活跃;在高渗大孔喉油气层中,细菌易向油层深部运移,造成大范围内的油气层伤害;低渗油气层对细菌的侵入有一定的阻碍作用,但细菌一旦侵入,将造成严重的伤害。

4. 注入水中的溶解气引起的伤害

注入水中溶解氧是最有害的气体,通常情况下,它是造成设备及管线腐蚀的最主要原因之一。它在浓度非常低的情况下(<1mg/L),也能引起严重腐蚀。大量溶解氧随注入水进入油层可引起原油氧化,使原油中天然气量减少,使原油变稠,流动性变差,密度、凝点上升,不利于原油开发。

(三)注入水中机械杂质造成的伤害

注入水中机械杂质主要包括从水源获得的悬浮无机固体、注水用处理剂中水不溶物、注水设备的腐蚀产物,这些固相颗粒可沉积或吸附到射孔孔眼、井壁、井筒或者进入油气层内部,堵塞孔喉,导致注水压力升高。固体颗粒对地层的堵塞情况与岩石表面性质、孔隙结构、颗粒直径、浓度粒度分布及注水速度等相关。

原则上讲,固相颗粒堵塞对于孔隙喉道半径大的高渗透油气层的伤害程度往往较轻;而对于低渗透油气层,注入水中固相颗粒堵塞引起的伤害程度要严重得多,尤其是实际注水过程中,小粒径的固相颗粒最容易被忽略,微细颗粒往往进入地层较深的部位造成堵塞,低浓度的微米级和亚微米级的固相颗粒也能够对低渗透油气层产生不可忽视的伤害。

综上所述,注水作业过程中的油气层伤害与地层岩石特性、地层流体性质以及注入水水质密切相关。不同类型的油藏、不同的注水工艺措施、不同的注入水源和注入水质,造成油气层伤害的表现形式也不尽一致。为此必须通过大量的实验,找到伤害因素,在注水过程中采取相应的措施和工艺技术,避免或者减轻对油气层的伤害,确保注水效果。

二、注水中的保护油气层技术

(一)建立合理工作速度

一般而言,在注水过程中只要控制注水速度在临界流速以下,就可防止油气层发生速敏伤害。通过速敏实验求得的临界流速,可推算出单井最大日注水量。

在锥进、指进形成不久时就及时通过调整注采方案(如改注、停注或同时改采、停采)或严格控制注采速度,便可胜过在水锥进顶部或底部打防渗隔板,防止或暂缓水锥上升。

(二)严格注水水质的预处理

不同的油气层应有与之相应的合格水质标准,目前,在制订某一油气层注水指标时,大都以 SY/T 5329—2012《碎屑岩油藏注水水质指标及分析方法》为基础,具体分析储层渗流物性、微观孔隙结构特征、注入水与储层岩石及地层流体的配伍性、有机垢和无机垢的形成趋势,确定了注水开发油层物性的界限,最终确定其合理可操作的水质指标体系(表6 –2)。

表6-2　推荐水质主要控制指标

注入层平均空气渗透率,μm²		≤0.01	>0.01~≤0.05	>0.05~≤0.5	>0.5~≤1.5	>1.5
控制指标	悬浮固体含量,mg/L	≤1.0	≤2.0	≤5.0	≤10.0	≤30.0
	悬浮物颗粒直径中值,μm	≤1.0	≤1.5	≤3.0	≤4.0	≤5.0
	含油量,mg/L	≤5.0	≤6.0	≤15.0	≤30.0	≤50.0
	平均腐蚀率,mm/a	≤0.076				
	SRB,个/mL	≤10	≤10	≤25	≤25	≤25
	IB,个/mL	$n×10^2$	$n×10^2$	$n×10^3$	$n×10^4$	$n×10^4$
	TGB,个/mL	$n×10^2$	$n×10^2$	$n×10^3$	$n×10^4$	$n×10^4$

注:①$1<n<10$;②清水水质指标中去掉含油量。

水质指标建立后,保证注水系统正常运转是注入水水质达标的关键,通常要做到以下几点:(1)水质监测规范化,及时取水样分析化验,发现水质不合格时,应立即采取措施,保证不把不合格的水注入地层;(2)按规定冲洗地面管线、储水设备,按规定洗井,保持管线、储水设备和井内清洁。

(三)正确选用处理剂

严格按照注水开发方案中水质指标体系选择合适必要的黏土稳定剂、防垢剂、缓蚀剂、破乳剂与杀菌剂等处理剂。处理剂选择应考虑两个原则:(1)选用每种处理剂时,严格控制该剂与地层岩石和地层流体的相溶性,防止生成乳状液及沉淀和结垢,伤害油气层;(2)同时使用几种处理剂时,严格控制处理剂相互之间发生的化学反应,防止生成新的化学沉淀,从而伤害油气层。

处理剂确定后,分析化验确保处理剂为合格品和按时按量投加处理剂等日常工作就是注水成功的又一关键点。

三、注水井油气层伤害的解除

油气层发生伤害,一般难以完全消除。目前常用的消除方法有:

(1)使用表面活性剂浸泡。回注表面活性剂到地层,并用回流帮助浸泡,使油润湿地层反转复原为水润湿,恢复油气层相对渗透率。向地层注入破乳剂使乳状液破乳解除了乳状液的堵塞。

(2)针对不同的水垢应采用热力洗井、酸洗、深部酸化、压裂、压裂酸化等一系列化学解堵措施。

(3)采用爆炸、钻磨、扩眼、补孔、核磁共振、超声波振荡等机械方法除垢。

总之,注水过程是一个长期行为,对油气层造成的伤害与常规的钻井完井过程中相比,具有易于造成深部伤害、伤害易于累积,而且一旦形成深部伤害则很难解除的特殊性。因此在注水过程中必须进行油气层保护技术研究。

第四节　洗井过程中的保护油气层技术

随着油气田注水、采油的不断进行,注水井、采油井难免出现结垢、析蜡、出砂等现象,对注水和采油产生不良影响。为了减小因井筒结垢、析蜡和井底沉砂对油田开发的影响,多采用洗井液来清洗井筒,解除井筒上的垢、蜡和井底沉砂,恢复油气田的正常生产。洗井液为入井流体,直接与油气层接触,可能会对油气层造成伤害。

一、洗井中油气层伤害分析

(一)洗井液与地层岩石不配伍造成的伤害

(1)水敏伤害。低矿化度洗井液进入油气层中,使地层黏土矿物尤其是蒙脱石水化膨胀,从而减小了油气层的有效渗透率。例如,清水洗井对低渗水敏地层就会造成严重伤害。

(2)其他敏感伤害。洗井液 pH 值达不到要求,高 pH 值滤液进入碱敏油气层,引起碱敏矿物分散、运移堵塞及溶蚀结垢;低 pH 值滤液进入酸敏油气层,引起酸敏矿物分散、运移堵塞及结垢;负压洗井作业由于作业压差过大导致地层矿物分散、运移堵塞孔隙。

(3)岩石表面润湿性反转伤害。当洗井液含有亲油表面活性剂时,这些表面活性剂就有可能被亲水岩石表面吸附,引起油气层孔喉表面润湿反转,由亲水性转变为亲油性,造成油气层油相渗透率降低;洗井液温度一般低于油气层温度,对地层造成冷伤害,原油黏度上升,岩石油润湿性上升,特别是沥青质、蜡质含量高的油气层,沥青质、蜡质析出甚至于堵塞注水通道。

(4)吸附伤害。洗井液滤液中所含的部分处理剂被油气层孔隙或裂缝表面吸附;缩小孔喉或孔隙尺寸。

(二)注入水与地层流体不配伍造成的伤害

(1)结垢伤害。洗井液滤液中所含无机离子与地层水中无机离子作用形成不溶于水的盐类,例如含有大量碳酸根、碳酸氢根的滤液遇到高含钙离子的地层水时,形成碳酸钙沉淀;当地层水的矿化度和钙、镁离子浓度超过滤液中处理剂的抗盐和抗钙、抗镁能力时,处理剂就会盐析而产生沉淀。

(2)发生水锁效应。对于地层能量较低的油气井,洗井液的大量漏失,增加了地层水饱和度,降低了油相的渗透率,造成水锁伤害,导致油气井作业后减产。

(3)乳化伤害。洗井液进入地层与原油混合产生油包水或水包油的乳状液,黏度较大,从孔隙、喉道通过时需克服贾敏效应带来的阻力。特别是在低孔低渗层中最为严重。

(4)注入水中细菌伤害。洗井液滤液中所含的细菌进入油气层,如油气层环境适合其繁殖生长,就有可能造成喉道堵塞,对低渗油气层造成更严重伤害。

(三)机械杂质造成的伤害

洗井液中机械杂质主要包括罐车和存放洗井液用的储液罐不干净带入的机械杂质、洗下来的井筒脏物、体系用加重剂及堵漏剂等固相物质、处理剂中水不溶物,这些固相颗粒可沉积或吸附到射孔孔眼、井壁、井筒或者进入油气层内部,堵塞孔喉。一般来说,微细颗粒往往进入地层较深的部位造成堵塞,低浓度的微米级和亚微米级的固相颗粒也能够对低渗透油气层产生不可忽视的伤害。

（四）洗井工程因素对油气层的伤害

（1）作业压差。通常洗井液有效液柱压力大于其在油气层孔隙中的流动阻力时,滤失量随压差的增大而增加,有效液柱压力超过地层破裂压力,洗井液漏失进入油气层,进入深度和伤害油气层的严重程度均随正压差的增加而增大。

（2）浸泡时间。洗井所用时间也同样影响着油层的渗透率,洗井液浸泡油层的时间越长,对地层造成的伤害就越大,反之则小。

二、洗井中对油气层的保护技术

（一）洗井液必须与油气层相配伍

确定洗井液配方时,应考虑以下因素:洗井液滤液中所含的无机离子和处理剂不与地层中流体发生沉淀反应;滤液与地层中流体不发生乳化堵塞作用;滤液表面张力低,以防发生水锁作用;滤液中所含细菌在油气层所处环境中不会繁殖生长;滤液与地层岩石相配伍,尽量不发生水敏、酸敏等伤害。

为了实现以上目标,针对具体油气层,分析其伤害因素,通过实验加入合适的化学药剂形成合适洗井液配方。例如在洗井液中加入适当药品,降低洗井液对地层的伤害;如加入黏土稳定剂或 KCl 等,尽量避免地层黏土遇洗井液水化膨胀;同时要加入杀菌剂,使微生物数量减少。在低压漏失地层井洗井时,要在洗井工作液中加入增黏剂和暂堵剂,也可采取混气等措施降低洗井液密度。

（二）尽量减少洗井液中固相颗粒

为了减少机械杂质造成的伤害,洗井液配浆水最好是不含或少含机械杂质,现场施工一般不许超过 0.2%。另外,施工用的设备要保持清洁卫生,同一设备在拉运或存放不同规格型号洗井液的时候,要进行彻底的清洗。

（三）尽量控制井底压力实现近平衡洗井

洗井时井底压力的大小对滤失起着决定性的作用,它与油气层的孔隙压力比较,其差值理论上应为零或负值,从而使洗井液能够建立循环,但滤液进入地层的量很少,自然对油气层污染就少。在实际施工中,当油气层孔隙压力值、井深、洗井液密度、黏度已确定时,随时通过调节洗井液的注入速率和井口回压来控制井底压力值的大小。

（四）缩短洗井作业时间

优化施工程序和施工参数,快速有效完成施工作业。洗井后要组织连续施工作业,尽可能排出洗井液,最大限度地减少洗井液对油气层的浸泡时间,降低对油气层的伤害。

（五）使用洗井保护器等类似装置

洗井保护器的工作原理是在普通管柱下部安装一套洗井器,使洗井液由油套管环形空间进入泵下油管。然后,在洗井器作用下,洗井液向上返出,不会流到洗井器的下部,从而避免了洗井液与地层接触,起到保护地层的作用。该工艺能够解决在洗井或清蜡时,封隔射孔层段,洗井液从油气层上部循环,彻底阻断洗井液进入油气层,从根本上防止清蜡洗井的洗井液对油气层的伤害问题。

（六）使用泡沫洗井液等防污染洗井液

为了解决低压、负压油气井洗井油气层保护难题,泡沫流体洗井技术得到大量使用,泡沫洗井能清洗井底杂物、剥落结蜡层,在井底油气层处造成负压或低压循环,激励产层,顺畅通道,是一项诱喷求产或恢复老井产能的有效技术。它具有以下优点:

(1)泡沫密度低,常压下其最低密度可达 $0.03 \sim 0.04 g/cm^3$,在井眼中其平均密度一般均低于 $0.5 \sim 0.8 g/cm^3$,在大多数油气层中不致发生井漏污染,堵塞油层。并且较高的地层压力与较低的液柱压力之间的差值,对地层堵塞物形成了一个推动作用,对顺畅油路极为有利。

(2)泡沫流体切力较大,黏度高,在较低的返速下,其携带岩屑的能力要大大高于空气、清水甚至普通钻井液。

(3)泡沫流体良好的分散性及乳化性,使之对附着在油管内外壁、套管内壁及井下工具(设备)通道上的石蜡及黏结物有较好的剥离清除作用。

(4)泡沫流体中无固相,这可使其对油气层的伤害减少到最小。

(5)泡沫柱所形成的低液柱压力,使之避免了将井壁及井眼中的污染堵塞物挤入产层,而压裂挤油作业及轻钻井液洗井作业都极有可能将脏物挤入产层通道,从而加重油气层堵塞伤害。

（七）使用暂堵剂实现油气层保护

以减少洗井液进入地层为出发点研发的暂堵剂,其机理是投加的具有堵漏与解堵功能的暂堵剂,提前在油气层表面形成一个低渗透的屏蔽环带,洗井时可以防止滤液进入地层,洗井结束后解除井下暂堵剂,恢复油气层的渗透性,从而使油气层得到了保护。

洗井作业相对其他油气田施工作业来说,施工难度相对简单,作业时间短,但其施工工程的油气层伤害问题的确存在,从业者需引起重视。

第五节　酸化、压裂中的保护油气层技术

酸化、压裂作为油气井重要的增产和投产措施,在石油工业生产中得到了广泛的应用。然酸化压裂措施也潜藏着对油气层造成新的伤害的危险。在油气井生产的许多实践中,采用酸化、压裂措施后,油气井产能并未得到恢复或提高。相反,有的井却在酸化、压裂措施后造成减产,各油田都普遍存在这种情况,只是程度不同而已。据一些资料表明,酸化、压裂成功率普遍低于 70%,其中压裂成功率稍高,碳酸盐油气层前置液酸压成功率较低,碳酸盐油气层盐酸直

接酸压成功率较高。而在大量的砂岩油气层酸化中,作业由于使用 HF 作为处理液的主体酸,有时对油气层造成的伤害比较严重,使砂岩油气层酸化成功率最低。

即使是酸化、压裂取得成功的井例,酸化、压裂措施本身也可能对油气层带来伤害,使该项措施不能发挥最大效益。

因此,重视酸化、压裂措施过程中对油气层的保护有两点实际意义:其一可以提高解堵成功率,有效地恢复油气井产能;其二可以最大限度地发挥酸化、压裂作用的效果,达到少投入多产出的目的。

本节主要讨论为保护油气层而把酸化、压裂作为投产措施,通过分析酸化、压裂措施中可能造成的油气层伤害,讨论防止伤害的措施。

一、酸化中的油气层伤害分析

在酸化施工过程中,由于设计及处理不当,可能造成严重的油气层伤害,最常见的油气层伤害主要有:酸化后二次产物的沉淀,酸液与油气层岩石、流体的不配伍以及油气层润湿性的改变,毛管压力的产生,酸化后疏松颗粒及微粒的脱落运移堵塞、产生乳化等。下面就酸化时对油气层产生的伤害进行分析。

(一)酸液与油气层流体的不配伍造成的伤害

1. 油气层原油与酸液的不配伍

当酸液与油气层中含沥青质原油接触时,会产生酸渣。酸渣的主要成分为沥青质、胶质,因此酸化淤渣的生成必然涉及原油中胶质、沥青质的析出。一系列描述石油胶体分散体系的物理结构模型认为,沥青质是胶核的中心,其表面吸附有胶质。也就是说,胶团的中心是相对分子质量最大、芳香性最强的物质,核的周围则是轻的、芳香性较小的组分,但胶团和它周围吸附介质之间并没有明显的界面。石油胶体体系的稳定性源于其动力稳定性、电力稳定性和空间稳定性。

酸化过程中 H^+ 和 Fe^{3+} 破坏了原油胶体分散体系的动力稳定性、电力稳定性和空间稳定性,导致胶质、沥青质从原油中析出,即生成酸化淤渣。对这个过程有以下两种认识。

(1)酸液中的 H^+ 和 Fe^{3+} 可与胶质、沥青质中的杂原子基团如含氮、含硫部分反应或络合。这种络合带来以下结果:①提高了胶质的极性,降低了胶质在油中的溶解度,一方面使胶质容易从油相中析出发生自身聚合,另一方面也削弱了胶质对沥青质胶核的保护作用(胶溶能力降低)。②络合作用可能在不同沥青质和胶质之间发生,分别将不同沥青质和胶质桥接起来,使其体积增加,布朗运动减弱。③减弱甚至抵消沥青质胶核的负电性。例如用含铁盐酸处理一个酸化时能生成淤渣的原油油样后,发现沥青质带有正电荷。这是一个酸化导致沥青质电性发生变化的证明。因此, H^+ 和 Fe^{3+} 的络合作用破坏了石油胶体体系的动力稳定性、电力稳定性和空间稳定性。

(2)酸液中的铁离子与原油的一些成分如卟啉、吡咯或酚络合后转移到油相中。已知铁卟啉络合物很稳定,其特性趋近于共价键。在酸性环境中,这些铁卟啉络合物可以充当吡咯和吲哚的氧化聚合催化剂,使强极性的沥青质失去保护,结果导致相分离。

酸化过程是冷液体进入油气层,若原油含沥青质、胶质、蜡较多,析出的有机垢将堵塞油气层,形成永久性伤害。

2. 油气层中水与酸液的不配伍

油气层中水与酸液接触带来的危害,主要是反应生成沉淀。若不考虑注入酸液与岩石反应,酸液与油气层中水接触产生的危害不大。室内试验表明,用不同配方的酸液与酸液浓度,$NaHCO_3$ 型油气层水反应,在 80℃条件下反应 4h,未产生不溶物,但冷却后可见到少量沉淀物。但要注意,当油气层中水富含 Na^+、K^+、Mg^{2+}、Ca^{2+}、Fe^{2+}、Fe^{3+}、Al^{3+} 等时(这些离子有些是原油气层水中本身就存在的,有些是由于酸化过程中不断产生的),酸液特别是 HF 将与这些离子作用而产生有害沉淀物。因此,酸化时要设法避免 HF 与油气层水接触。

(二)酸液与油气层岩石的不配伍造成的伤害

油气层岩石矿物成分复杂,酸液注入后对不同矿物产生的溶解机理不同,会带来不同类型和不同程度的油气层伤害。黏土矿物普遍存在于油气层中,最常见的是蒙脱石、伊利石、混层黏土(以伊利石—蒙脱石为主)、高岭石以及绿泥石。不同的黏土矿物其组成、结构以及理化性质不同,酸液对其反应也各异,产生的伤害机理也不同。

1. 酸液引起黏土矿物膨胀

酸液注入到含蒙脱石或伊利石—蒙脱石含量较高的油气层,酸液中水被蒙脱石所吸收,引起这类黏土矿物的膨胀。特别是高含 Na 蒙脱石类黏土,膨胀体积可达 6~10 倍,因而使孔道变窄甚至堵死孔道,使油气层丧失渗透性。即使酸液溶解掉部分黏土矿物,也很难抵消其造成的伤害。

2. 酸液的冲刷及溶解作用造成微粒运移

高岭石类黏土在油气层中大多松散地附着在砂粒表面,随着酸液的冲刷,剥落下来的微粒将发生迁移,造成孔隙喉道的堵塞,进而降低渗透率。伊利石类黏土在砂岩中可以形成大体积的微孔(蜂窝状),这些微孔可以束缚酸液中的水,有时在孔隙中还可发育成类似毛状的晶体,增加了孔隙的弯曲性,降低渗透率。在酸化过程中或酸化后随酸液或流体流动而破碎迁移,引起孔道堵塞。

不论是哪类黏土矿物,酸化过程中酸溶解胶结物不同程度地使油气层颗粒或微粒松散、脱落而运移堵塞,这些微粒随酸液的流动搅拌极易促进酸液与油气层中原油一起形成稳定的乳化液,产生液堵。

3. 酸液溶解含铁矿物产生不溶产物

绿泥石类黏土是水合铝硅酸盐,常常含有大量的 Fe 和 Mg,对酸和含氧的水非常敏感。它很容易溶于稀酸,用酸处理时可以被溶解掉,但当酸耗尽时,Fe^{3+} 可以再次以氢氧化铁凝胶沉淀出来,堵塞油气层,特别是酸液未加螯合剂时,这种情况更为严重。

4. 酸化后产物的结垢

酸化过程中产生过剩的 Ca^{2+},在酸化后若不能及时排出,将与油层中的 CO_2 作用生成碳酸钙再次沉淀结垢,这些垢与砂子及重油等一起堵塞油气层。

5. 酸化产生液堵和岩石润湿性改变

酸液注入油气层后,井壁附近含水大大增加,当水油流度比大于1时会出现水锁,因此应加强酸化后排液工作。酸液中的表面活性剂可能改变岩石润湿性引起油气层伤害,若酸化时形成乳化、泡沫等,两相流动阻力增大,特别是当气泡、液滴流经喉道时,产生贾敏效应封堵喉道。

(三)酸液与油气层矿物反应产生二次沉淀伤害

在酸化过程中，酸溶解矿物以扩大孔隙或裂隙空间。但若溶解后的产物再次沉淀出来，则会重新堵塞孔道。酸化后的再次沉淀物一般如下。

1. 铁质沉淀

在酸化时，除上述绿泥石被溶解释放出铁离子之外，油气层中其他矿物的溶解也可能释放铁离子。此外，酸液本身在生产、储运过程中都污染有铁离子(一般的含量为 $180\mu g/g$ 左右)。其中轧屑、鳞屑等外来溶于酸液中的铁大多为三价，而油气层矿物溶于酸中的铁多为二价(黄铁矿、磁铁矿、菱铁矿)。这些铁离子可以水化沉淀或与油气层内部物质反应生成沉淀。

(1)残酸 pH 值的改变。铁在酸中的溶解度与酸液的 pH 值有密切关系，三价铁离子(Fe^{3+})在酸液 pH 值为 2.2 时就开始以 $Fe(OH)_3$ 的形式产生沉淀，当 pH 值为 3.2 时，Fe^{3+} 完全沉淀；二价铁离子(Fe^{2+})只有在 pH 值达到 7 以上才开始沉淀。由于残酸通常能达到的最大 pH 值为 5.5 左右，因此，在残酸排出油气层之前，引起堵塞的主要是三价铁离子的沉淀。

(2)铁离子与油气层中硫化氢反应。当酸化含硫化氢的油气层时，酸化产生的 Fe^{3+} 与 H_2S 相遇要发生氧化还原反应。

(H_2S 为还原剂)和沉淀反应：
$$2Fe^{3+} + H_2S \longrightarrow S\downarrow + 2Fe^{2+} + 2H^+$$
$$Fe^{3+} + 3H_2O \longrightarrow Fe(OH)_3\downarrow + 3H^+$$

生成硫和氢氧化铁沉淀，另一方面 Fe^{2+} 与 H_2S 反应也会生成沉淀：
$$Fe^{2+} + H_2S \longrightarrow FeS\downarrow + 2H^+$$

FeS 在酸液 pH 值升到 1.9 时便开始沉淀，当 pH 值升至 3.55 时，则完全沉淀。因此对于含有 H_2S 的井，无论是 Fe^{3+}、Fe^{2+} 都能形成沉淀，故需添加性能较好的铁离子稳定剂。

(3)铁与沥青质原油结合。当酸化作业时，含沥青质原油对 Fe^{2+}、Fe^{3+} 非常敏感。形成的铁化物即为酸渣形式的胶体沉淀，既可堵塞油气层，又是一种乳化稳定剂，促使沥青质堵塞油气层。

2. HF 反应产物产生沉淀

砂岩油气层酸化使用的酸液，不论属于何种体系，其主要酸都为 HF。HF 与油气层矿物反应后可产生多种沉淀，这历来受到人们的重视。

(1)钙盐沉淀。HF 与 $CaCO_3$ 反应生成细白粉末状氟化钙沉淀。
$$CaCO_3 + 2HF \longrightarrow CaF_2\downarrow + H_2O + CO_2\uparrow$$

CaF_2 很容易沉淀，但由于 CaF_2 粒子很小而且要分散，若能在流动通道中移动，可减少其堵塞作用。CaF_2 沉淀是由于酸液在油气层中停留时间太长，并且随着酸的消耗，pH 值上升所致。加入 HCl 可增加 CaF_2 的溶解度，减轻伤害。保持低 pH 值和适当的关井时间是防止 CaF_2 大量沉淀的行之有效的措施。

(2)Na 盐和 K 盐沉淀。HF 与砂子及黏土等反应产生氟硅酸和氟铝酸：
$$SiO_2 + 6HF \longrightarrow H_2SiF_6 + 2H_2O$$
$$Al_2Si_4O_{10}(OH)_2 + 36HF \longrightarrow 4H_2SiF_6 + 12H_2O + 2H_3AlF_6$$
$$NaAlSi_3O_8 + 22HF \longrightarrow 3H_2SiF_6 + AlF_3 + NaF + 8H_2O$$

氢氟酸与砂子及黏土反应生成的两种酸,又将与油气层岩石中或油气层水中的 K^+、Na^+ 等反应产生不溶性沉淀物:

$$H_2SiF_6 + 2Na^+ \longrightarrow Na_2SiF_6 \downarrow + 2H^+$$

$$H_2SiF_6 + 2K^+ \longrightarrow K_2SiF_6 \downarrow + 2H^+$$

$$H_3AlF_6 + 3Na^+ \longrightarrow Na_3AlF_6 \downarrow + 3H^+$$

$$H_3AlF_6 + 3K^+ \longrightarrow K_3AlF_6 \downarrow + 3H^+$$

这些氟硅酸盐和氟铝酸盐是胶状物质,沉淀下来后可占据大量的孔隙空间。它们牢牢地黏附在岩石表面上,产生严重伤害。

(3)水化硅沉淀。研究表明,水化硅的生成是由于 HF 与砂岩反应后的残酸再与黏土矿物发生二次反应的结果。当酸化时,随着 HF 的不断消耗,当游离 F^- 浓度减至 $1\sim3mol/L$ 时,最初溶解于酸中的硅又将以水化硅胶态沉淀下来,反应方程式如下:

$$Al_2Si_2O_5(OH)_4 + 18HF \longrightarrow 2H_2SiF_6 + 2AlF_3 + 9H_2O$$

$$H_2SiF_6 + 4H_2O \longrightarrow Si(OH)_4 + 6HF$$

水化硅在岩石基质内沉淀会伤害油气层。室内试验用 H_2SiF_6(残酸液)处理岩心,使岩心渗透率下降 20% 左右。然而,由于产生的胶状水化硅沉淀覆盖于黏土表面,从而使岩心的水敏性得到一定的抑制作用。

为了减轻水化硅沉淀,可酸化后迅速排液。研究表明,残酸在岩心中停留的时间越长,水化硅沉淀量越多。HF 浓度越低,溶解的硅越少,沉淀出的硅自然也少。注水井可采用过量冲洗,将近井带的残酸驱至远离井壁。

(四)妨碍酸反应的有机覆盖层处理后对油层的伤害

酸化中存在的一个普遍问题是酸不能穿透岩石或结垢表面上的有机覆盖层而使处理失败,这对含沥青质原油的油气层尤为突出。这类油气层酸化前,采用溶剂、酸或溶剂混合物作预处理,也可采用注热油处理。但若施工不当,把被溶解的有机沉淀物注到油气层中,发生再沉淀,也会堵塞油气层。酸化时则要在酸液中加入抗酸渣剂,以免酸与原油作用产生酸渣。

(五)酸液滤失造成的伤害

滤失问题发生在各种酸化施工过程中,当碳酸盐岩基质酸化时,酸液沿大孔道参与竞争反应的结果是产生溶蚀孔道,大多数酸液进入溶蚀孔不断加长和扩大溶蚀孔而提高近井带流体渗流能力,酸液沿溶蚀孔向基岩发生漏失,漏失直接影响溶蚀孔的长度和大小。碳酸盐岩酸压主要靠酸蚀缝来提高油气层流体渗透能力;酸压时缝壁也会产生溶蚀孔,但这些溶蚀孔带来的后果是增加了酸液沿缝壁的滤失,溶蚀孔越多、越大,酸液向油气层中滤失的液量越多,直接影响酸蚀缝长和缝宽,而影响酸蚀缝的导流能力,降低酸压效果。

酸液滤失造成的油气层伤害包括三个方面:一是酸液或前置液渗入细微的粒间孔道,产生毛管阻力,返排时压差不能克服毛管阻力,造成这些流道的液阻。二是酸液中固相颗粒和酸液溶蚀下的油气层微粒,特别是高黏前置液中残渣等在孔道中运移堵塞孔道,并在裂缝壁面形成滤饼。酸压后若这种堵塞不能解除,给油气层流体流动带来阻力。三是酸液中基液渗入基岩后,使岩石中的水敏性矿物膨胀吸附或迁移,减小粒间孔道或堵塞。因此,酸液的滤失可能带来较大的伤害,严重时可能使酸压措施完全失效,实际工作中应重视酸液滤失问题。

（六）酸化施工参数选择不当

酸化施工参数包括酸浓度、施工泵压、施工排量、酸液用量等。

酸浓度对酸化效果的影响占首要地位。酸浓度高，溶解一定量矿物需酸量少。但浓度过高也不行：一是缓蚀问题难以解决，可能严重腐蚀管材而引入大量铁离子等有害物进入油气层造成伤害；二是可能大量溶蚀基质颗粒，在砂岩油气层中造成岩石骨架的破坏，引起大量出砂或油气层坍塌，进而堵塞油气层流道。因此，酸液浓度的选择要结合室内溶解试验和岩心流动试验确定。

施工泵压的选择对于基质酸化而言，要根据油气层吸酸能力限制泵压，不能压破油气层，否则可能造成压破遮挡层，引起油井过早见气、见水，产生两相流动，过早消耗油气层能量。砂岩基质酸化压破油气层后，酸主要沿裂缝流动，不能达到解除其他部位油气层伤害的目的。此外，酸化结束时，裂缝立即闭合，由于不能形成酸蚀裂缝，导致产生的悬浮物和沉淀物不能排出油气层而造成新的伤害。

酸液用量要选择适当，解堵酸化设计用酸量应以刚好解堵为佳，过多的酸量进入油气层若不能顺利返排将带来上述一系列油气层伤害问题。

（七）施工过程引入的油气层伤害

配酸过程中操作不严格，使用不清洁的基液，将引入固体颗粒杂质、细菌等带入油气层造成伤害。若脏管柱洗井不好，将管中杂物及锈垢等带入油气层，会造成堵塞且有些杂物与酸作用产生二次沉淀。据报道，酸从油管注入，由套管环空返出，带出一吨多从管子上清除下来的油污和固体，按一般的程序，这些污泥和固体混合物将在酸之前注入油气层，其对油气层的伤害可想而知。因此，施工中应注意酸液的配制过程，严格按设计要求配酸，注液时清洗净管材，将大大减少酸化对油气层的伤害，提高酸化效果。

二、酸化中保护油气层技术

（一）选用与油气层岩石和流体相配伍的酸液和添加剂

针对具体油气层，采用与之相适应的保护技术，是油气层保护技术的特点之一。对于酸化作业这一"针对性"特点，举例见表6-3。

表6-3　酸液和添加剂的选择

油气层岩性特点	与之配伍的酸液或添加剂	保护油气层目的
碳酸盐岩	不宜用土酸	避免生成氟化钙沉淀
伊—蒙间层矿物含量高	必须加防膨剂	抑制黏土膨胀、运移
绿泥石含量高	适宜加入铁离子稳定剂	防止产生氢氧化铁沉淀
原油含胶质、沥青质较高	采用互溶土酸（砂岩）	消除或减少酸渣生成
砂岩地层	不宜用阳离子表面活性剂破乳	避免地层转为油润湿，降低油的相对渗透率
高温地层	耐高温缓蚀剂	避免缓蚀剂在高温下失效

实际油气层类型繁多，在选择使用与之相配伍的酸液和添加剂时，必须考虑酸液、添加剂、地层水、岩石、地层原油相互之间的配伍性，达到不沉淀、不堵塞、不降低油气层储渗空间，有利

于油气的采出的目的。

另外，在选择添加剂时，特别应该考虑其是否有利于残酸返排。例如，助排剂减小毛管阻力，缩短排液时间，从而最大限度地提高排出效率。

（二）优选工序与施工参数

针对不同地层，设计必要的前置液来隔开地层水、保持残酸低 pH 值；设计使用液氮、CO_2 段塞，这些都有利于加快排液速度、减轻油气层伤害。

酸液浓度，通常应结合室内试验、现场经验及酸压模拟计算综合确定。

排量的选择应大于油气层吸收排量，在地面设备允许的条件下，提高排量有助于形成裂缝，增加酸液有效作用距离。在溶蚀孔形成后，排量过小，酸液将主要沿溶蚀孔滤失，裂缝不再延伸。

（三）保证施工中质量

酸化前洗井，把地面管线、井筒内的残渣、锈垢等清洗干净。配酸用水要清洁。配酸池、储酸罐、运酸罐等最好用一定的稀盐酸冲洗，之后用清水冲净。

称准量好所需酸量及添加剂量，严格按设计配方配酸，应配备专门的化验员检查把关。酸液配好后，应尽快施工，若因特殊原因放置太久，应取酸样分析，确保酸液性能不变方能施工。

使用精细过滤器对入井液体进行过滤，滤掉 $2\mu m$ 以上的杂质微粒，减轻这些机械杂质和固体微粒对油气层的伤害。

施工中严格控制注酸排量，不能压裂油气层。施工后快速彻底排除残酸液。

三、压裂中的油气层伤害分析

压裂是油气井增产、水井增注的有效措施之一，特别适于低渗透油气藏的整体改造，也是解除油气层伤害、恢复油气井产能的重要手段。理论上讲，压裂形成的高导流能力填砂裂缝，大大改善了油气层流体向井内流动的能力，因而压裂后必然提高油气井产能。然而，在实际压裂施工中，并非每口压裂井都获得成功，有的井经压裂后增产幅度很小，有的甚至造成减产。

事实上，压裂作业中压裂液进入油气层后，总会干扰油气层原有平衡条件，给油气层带来某些伤害。压裂措施本身包含了改善油气层和伤害油气层双重作用，当前者占主导时，压裂增产；反之则造成减产。为了获得增产效果，就应充分发挥其改善油气层的作用，尽量减少伤害油气层的因素。

（一）压裂中油气层伤害分析

1. 压裂液在油气层中水锁伤害

在压裂施工过程中，侵入区滤液以"指进"替换地层流体而使水的饱和度增加。施工结束后开井返排，由于地层低渗透性和孔隙性差，毛管压力作用使部分水被束缚在油气层中，排液困难，导致地层伤害。伤害程度受地层压力降、黏滞力和毛管压力影响，地层压力降越慢，排液压差越大，伤害越小；黏滞力与地层孔隙大小、压裂液黏度和流速有关。在致密低渗油气层压裂改造施工中，毛管阻力较高，可达 1.4MPa。排液困难，可能造成永久性堵塞，严重伤害油气层。

为了减少水锁对油气层的伤害,可采取以下措施:(1)在水基压裂液中加入表面活性剂即助排剂,降低油水界面张力,增大接触角,减少毛管压力。(2)改善压裂液破胶性能,实现压裂液在地层中的彻底水化破胶,减小压裂液在地层介质中流动的黏滞阻力。(3)压裂液快速破胶,并在压裂结束后采用小油嘴,利用余压强制裂缝排液,减少压裂液在地层的滞留时间。(4)使用液氮、CO_2 助排等。

2. 压裂液残渣对油气层造成的伤害

压裂液残渣是压裂液破胶后不溶于水的固体微粒,其来源主要是植物胶稠化剂的水不溶物和其他添加剂的杂质。残渣对压裂效果的影响存在双重性:一是形成滤饼,阻碍压裂液侵入油气层深处,提高了压裂液效率,减轻了油气层伤害;另一方面是堵塞油气层及裂缝内孔隙和喉道,增强了乳化液的界面膜厚度,难于破乳,降低油气层和裂缝渗透率,伤害油气层。

压裂液残渣含量及性质与压裂液添加剂及配方、温度和时间等因素有关。对于低水不溶物的稠化剂,且在破胶体系(破胶剂及用量)较好时,压裂液残渣含量较低,一般小于 5%;而对于高水不溶物(大于 20%)的稠化剂,若破胶体系选择不当,压裂液残渣含量可大于 20%。易破胶的硼交联压裂液体系残渣明显低于较难破胶的有机金属(如钛、锆)交联压裂液。

残渣对地层与裂缝的伤害程度,还与其在破胶液分散体系中的粒径大小及分布规律有关。使用激光粒度分析仪可测量残渣破胶液中粒径的分布。当固体颗粒直径小于地层孔喉直径的 1/3 时,则不能进入油气层造成伤害。而一般不同渗透性油气藏,岩心孔隙最大孔径均小于 $20\mu m$,平均孔径小于 $10\mu m$。因此,压裂液能进入岩心中起伤害作用的残渣颗粒是很少的。压裂液对低渗透油气层基质伤害主要是滤液引起的伤害。

压裂液破胶液残渣对支撑裂缝存在一定的伤害。破胶水化液表观黏度小于 $10mPa\cdot s$,这表明压裂液破胶后的产物中仍有短链分子或支状分子存在,并吸附于支撑剂和岩石表面,从而降低裂缝导流能力。残渣伤害主要是由于残渣颗粒堵塞了裂缝中部分孔隙喉道,导致流动能力的降低。对支撑裂缝导流能力的伤害是破胶液和残渣叠加作用的结果,残渣含量越大,伤害越严重。

另外,不溶性的降滤失剂和支撑剂中的破碎、化学反应沉淀以及地层原油中蜡和沥青质的析出等因素均能造成对油气层的伤害。

因此,除了在压裂施工中,加强现场质量控制外,首先还要选用低水不溶物稠化剂和易降解破胶的交联剂;其次要优选破胶体系,实现压裂液彻底破胶、水化,减少压裂液残渣对基质和导流裂缝渗流能力的伤害。

3. 压裂过程引起油气层中黏土矿物的膨胀和颗粒运移

几乎所有的砂岩油气层都含有一定量的水敏黏土矿物。在碳酸盐岩中,黏土矿物充填于岩石孔隙、裂缝之间,黏附于颗粒表面上。黏土矿物与水为基液的压裂液接触,立即产生膨胀,使流动孔隙减小。松散黏附于孔道壁面的黏土颗粒与压裂液接触时分散、剥落,随压裂液滤入油气层或沿裂缝运动。在孔喉处被卡住,形成桥堵,从而引起伤害。

黏土矿物的成分不同,在油气层中含量不同,与压裂液接触后产生的影响也不同;同样,不同的压裂液也引起不同的黏土水敏膨胀和颗粒运移。

在压裂液中添加黏土稳定剂来稳定黏土和抑制微粒运移,是当前一般压裂水敏性岩层的一种重要措施。但一般用作黏土抑制剂的无机阳离子(如 K^+、Na^+、Ca^{2+}、NH_4^+、Al^{3+} 等)耐久性较差,有机的阳离子表面活性剂则可能会使油气层油润湿。聚季铵盐是目前最好的黏土稳定剂,其效果好且长期有效。Harms 等人的研究表明,采用杂原子取代的多糖 HSP 作压裂液胶化剂既可稳定黏土,又不会使油气层油润湿。而经典的防水敏压裂是采用油基压裂液,避免引入使黏土膨胀的水,但由于油基压裂液在施工中较为危险,且成本也高,故一般不用。

4. 压裂液滤饼造成的油气层伤害

压裂液在裂缝的表面形成具有一定弹性的薄膜即滤饼。滤饼的形成受许多因素的控制,包括压裂液组分、流速、压差以及油气层特性。

由于滤饼的渗透率比油气层渗透率小得多,因此在生产中滤饼阻碍了油气层流体向裂缝的流动,同时由于裂缝闭合,支撑剂嵌入,滤饼占据了部分以至整个支撑剂之间的间隙,导致裂缝导流能力大大降低,阻碍压裂液的返排和原油的产出。

5. 压裂液与原油乳化造成的油气层伤害

用水基压裂液压裂时,由于油水两相互不相溶,原油中有天然乳化剂如胶质、沥青质和蜡等,压裂时压裂液的流动具有搅拌作用,因而当油水在油气层孔隙中流动时就形成了油水乳化液。原油中的天然乳化剂附着在水滴上形成保护膜,使乳化液具有较高的稳定性。在油气层中形成的乳化液如为油包水型乳化液,则黏度很大。

乳化液中的分散相通过毛管、喉道时的贾敏效应,对流体产生阻力,这种液阻效应又是可以叠加的。多个液珠可能堵塞多个毛管,液体流动阻力为各个阻力之和。一个分散液珠受阻后,还会使分散液珠聚集造成更严重的液堵。

为防止乳化形成,可采用适当的破乳剂加入压裂液中。

6. 压裂液导致的润湿性伤害

润湿性是指固体表面具有被一层油膜或水膜选择性覆盖的能力。对于压裂施工的砂岩油藏,岩石表面一般为亲水性,即优先被水润湿。如果由于表面活性剂使用不当,使润湿性发生反转,即将亲水性转为亲油性。

7. 压裂液与油气层的水不配伍造成的沉淀伤害

油气层水与压裂液滤液不配伍接触时将产生沉淀,进而堵塞孔喉,降低油气层渗流能力。针对该类伤害,通过在压裂施工前进行入井液与地层流体配伍性实验,优选入井液即可有效降低该类型伤害。

8. 压裂液对油气层的冷却效应造成油气层伤害

冷的压裂液进入油气层,会使油气层温度降低,从而使原油中的蜡及沥青质等析出,造成油气层伤害。此种伤害取决于油气层原油的性质、油气层原始温度、油气层降温幅度及油气层渗透率等因素。原油含蜡量高,降温幅度大,油气层渗透率低和油气层原始温度低的油层,冷却效应引起的油气层伤害就大。Suttin 等人认为,当油层原始温度低于80℃(一般石蜡溶点)时,如果压裂后关井时间小于8h,冷却效应将造成严重的伤害;当油气层温度高于80℃时,一般不会造成永久性的油气层伤害。

在高温井压裂时可利用冷却效应来降低压裂流体的滤失量,使耐温性较差的压裂液可用于温度较高的油井,并给施工带来一些方便。但若对流体在油气层中受热情况估计不准,则会使施工失败。因此,进行压裂设计时应准确计算压裂过程油气层中温度的变化规律。

此外,压裂液与油气层流体的配伍性不好,产生化学反应生成沉淀,以及添加剂使用不当造成岩石润湿性改变等新的伤害,都将严重危害油气层的压后产能。

9. 支撑剂选择不当造成伤害

若支撑剂中杂质含量过高,杂质可能随压裂液进入油气层堵塞孔道;若支撑剂粒径分布过大,会造成小颗粒支撑剂运移堵塞裂缝。此外支撑剂在缝中要受到挤压,当支撑剂硬度大于岩石硬度时,支撑剂将嵌入到岩石中,反之则支撑剂被压碎,将影响裂缝导流能力。特别是当选择的支撑剂强度不够的,在裂缝闭合压力的作用下大量砂子被压碎,形成许多微粒、杂质运移堵塞且不能有效支撑裂缝,造成压后裂缝失去导流能力。

10. 施工作业及施工质量差带来的附加伤害

井筒及压裂液储罐清洗不干净,将杂质、锈、垢等带入油气层引起伤害。

配液时,水质不好,使压裂液性能改变,并引入有害物质。施工中对各环节控制不好,如压裂液交联不好,添加剂加入不当,由于设备故障造成施工不连续性及未按设计要求注液等都会带来一定危害。

施工结束后排液不彻底造成大量高黏压裂液残存于油气层和裂缝中带来伤害。

四、压裂中的保护油气层技术

(一)优选合适的压裂液降低油气层伤害

压裂液冻胶降解后,溶液中的残渣不能被完全带出地层,滞留在裂缝和空隙空间中,形成一道有机屏障,对裂缝导流能力和油气层渗透率造成很大影响。因此,应首先对增调剂进行筛选,使用合理的浓度,采用适合的交联剂,并评价配方的破胶性能和残渣含量。目前,国内外使用的压裂液种类很多,总的看来,不同压裂液对导流能力的保持系数不同。表6-4是6种压裂液对裂缝导流能力的保持系数。

表6-4 各种压裂液对裂缝导流能力的保持系数

压裂液种类	压裂液对裂缝导流能力的保持系数,%
生物聚合物	95(最好)
泡沫	80~90
聚合物乳化液体	65~85
油基冻胶	45~70
线性溶胶	45~55
羟丙基胍胶交联冻胶	10~50(最差)

随着压裂液中粉剂浓度的增加,残渣含量有上升的趋势,因此,在满足施工的条件下,合理降低粉剂浓度也能降低残渣伤害。

根据岩石及流体性质选择与之配伍的压裂液。水敏性油气层应选用油基或泡沫压裂液,同时加入有效的防膨剂。对于孔隙率低、渗透性差,返排能力弱的油气层压裂,压裂液的性能应具备:(1)选用无残渣或低残渣压裂液;(2)抑制黏土膨胀和微粒运移;(3)选用滤失少的压裂液;(4)加入有效的表面活性剂防止乳化并降低界面张力;(5)选择返排能力强的压裂液。

高温深井选用高黏度、耐温性好和抗剪切性好的压裂液,以保证压裂液的稳定性,能输送高密度、大粒径的支撑剂,还应注意选择密度大、摩阻低的压裂液以提高造缝的有效压力并降低泵压。在能满足要求的情况下优先选用价廉、货源广、配制方便和使用安全的压裂液。

（二）选择好添加剂

对不同的压裂要求,通过加入适当的添加剂可以大大改善压裂液性能。

(1)pH 值调节剂。用以控制增稠剂水解速度、交联速度及细菌生长;pH 值控制范围为 1.5~14。

(2)降滤剂。控制压裂液向油气层的滤失,有利于提高压裂液效率,减少压裂液用量,造成长而宽的裂缝,提高砂比获得高导流能力裂缝;通过降低压裂液向油气层的渗滤和滞留,减少对油气层的伤害,防止压裂液对水敏性油气层、泥岩、页岩和黏土的膨胀和迁移。除 100~320 目石英砂及石英粉外,石英粉加聚合物、5% 柴油或原油和油溶性树脂等都常作为降滤剂。一般情况下低渗透油气层用 5% 柴油降滤较好。高渗透油气层使用固体降滤剂,但要注意用量不宜过大,以免堵塞油气层孔道。

(3)降阻剂。水基压裂液常用聚丙烯酰胺和胍胶等,油基压裂液常用脂肪酸皂及线型高分子聚合物。

(4)黏土稳定剂。KCl 及 NH_4Cl 有一定效果,采用胺类特别是聚季胺防膨效果最好。

(5)冻胶稳定剂。用于稳定高温时冻胶黏度,可用 5% 甲醇,也可用硫代硫酸钠(还原剂),也可采用调高 pH 值的办法。对于温度高于 116℃ 以上高温条件的三种方法都用,硫代硫酸钠的加入量随前置液泵入量的增加而减少,开始加入破胶剂时停止加入硫代硫酸钠。

(6)破胶剂。常用破胶剂为酶(如淀粉酶)和氧化剂(如过硫酸铵及高锰酸钾等)。适用温度为 16~60℃;氧化剂的适用温度 -1~116℃。过硫酸铵在 50℃ 以下,氧化能力差,破胶效果不好,用量过大对冻胶黏度有不良影响,冻胶变稀或不交联,可在含有过硫酸铵的冻胶中加入引发剂,促使氧化剂过硫酸铵放氧,在低温下增强其破胶能力。

20 世纪 90 年代初研究和开发的缓释型胶囊破胶剂是破胶剂的最大发展,它使在不严重影响压裂液流变性能的同时可提高破胶剂用量成为可能。它是利用特殊工艺将常用的酶或过硫酸盐破胶剂包裹起来,形成 0.45~0.90mm 的胶囊颗粒,并利用膜的渗透作用和裂缝闭合的挤压作用释放破胶活性物质。与常规破胶剂相比,其特点是能缓慢释放破胶剂,缓释时间可控,能将破胶剂浓度提高到常规破胶剂的 5~10 倍,对压裂液流变性能影响很小,破胶完全、彻底,消除了压裂液浓缩及滤饼引起的压裂液的伤害。

(7)破乳助排剂。防乳破乳是减少压裂液对地层伤害的重要措施。目前国内较多的压裂液添加剂性能单一、效果较差、现场应用较繁琐。"一剂多效"是压裂液添加剂发展方向之一。国内压裂酸化技术服务中心研制的 DL-6 破乳助排剂具有低的界面张力(小于 1.0mN/m),可改善油藏的润湿性,减小毛管阻力,消除水锁,同时还具有良好的破乳性能(在 70℃、20min 内破乳率达 100%)。

(8)防泡及消泡剂。在配液时,由于加入表面活性剂及大排量循环,会产生大量气泡。气泡带着液体使计量困难,无法控制混砂罐中液面造成抽空,严重伤害设备或液体溢出,交联比失控。此外气泡多、摩阻大。因此需加入消泡剂防止泡沫形成。

常用的消泡剂有异戊醇、斯盘 85、磷酸三丁酯和烷基硅油。烷基硅油的表面张力低,易于吸附于表面。在液面上铺展,是一种优良的消泡剂。消泡剂浓度在 0.05%~0.1% 之间。华北油田使用较好的消泡剂为 8812、J350 和 8001。防止泡沫形成可用环氧乙烷和环氧丙烷共聚物。

（9）杀菌剂。杀菌剂用于抑制和杀死微生物。许多阳离子表面活性剂都有一定的杀菌防腐作用，但亲油性强，在未改变其亲油性质之前不能用作杀菌剂进入油气层，甲醛、BS、BEll5和硫酸铜杀菌防腐效果优良，洗油效果也好。BS、BEll5 是美国用于羟丙基瓜胶中的杀菌防腐剂，若用于田菁粉中，影响破胶，使得破胶困难。硫酸铜在碱性冻胶压裂液中有蓝色氢氧化铜沉淀，使冻胶的耐温性变差。甲醛有一定的杀菌防腐作用，对洗油效果和冻胶性能都没有明显影响，但效果较差，而且冬季聚合，夏季刺激性味太大。采用硫酸铜和甲醛复配，效果良好，现场可用 0.05% 硫酸铜 +0.5% 甲醛水作为杀菌剂。使用杀菌剂时还要根据季节变化引起水质的变化调整其用量和类型，可由实验确定。

上述压裂液添加剂，并非都需加在压裂液中，实际中应根据需要确定，并要注意各添加剂之间以及与基液和成胶剂之间的配伍性。

（三）支撑剂的选择

理想的支撑剂应满足：①密度低，最好低于 $2g/cm^3$；②能承受闭合压力到 140MPa；③在 200℃ 的盐水中呈化学惰性，圆度应接近 1；④按体积计，应与砂子同价。这些要求难以满足，一般要求如下：

（1）粒径均匀。目前使用的砂子多半是 40 ~ 20 目（0.42 ~ 0.84mm）；有时也用少量的 20 ~ 10 目（0.84 ~ 2mm）。要求砂子筛析组成比较集中，以提高砂子的承压能力及提高填砂缝的渗透性。

（2）强度高。各地产的砂子由于其风化、搬运及沉积条件不同，虽都是石英砂，但强度也不一样。据大港油田的试验数据，国内石英砂按其强度顺序为兰州砂、福州砂、江西砂、岳阳砂。陶粒具有很高的强度，在 70MPa 的闭合压力下陶粒所提供的导流能力约比砂子高一个数量级，深井压裂常使用陶粒，但价格较贵。

（3）杂质含量少。砂子中的杂质对裂缝的导流能力影响较大，应严加控制。压裂砂中的杂质是指混在砂中的碳酸盐、长石、铁的氧化物及黏土等矿物质。可用清水及酸液（盐酸或较低浓度的土酸）冲洗以除去杂质。

（4）圆球度好。带棱角的砂子的渗透率差，且易破碎，破碎下来的小粒会堵塞孔隙，降低渗透性。

对于浅地层，因闭合压力不大，使用砂子作支撑剂是行之有效的。在油气层条件下用实验方法确定满足压裂效果的粒径及浓度。深度增加，闭合压力也增加，砂子强度逐渐不能适应。研究表明，在高闭合压力下，粒径小的砂子比粒径大的砂子有较高的导流能力，单位面积上浓度高的裂缝比浓度低的裂缝有较高的导流能力。因此，可采用较小粒径的砂子，多层排列以适应较高闭合压力的油气层压裂。对于更高闭合压力的油气层，只有采用高强度支撑剂，例如使用陶粒。近年发展的超级砂，它是在砂子或其他固体颗粒外涂上（或包上）一层塑料，这是一种热固性材料，进入裂缝后先软化成玻璃状，然后在油气层温度下硬化。这种支撑剂虽在高闭合应力下会破碎，但能防止破碎后所产生的微粒的移动，仍能保持一定的导流能力。

现场应用表明，陶粒作为支撑剂无论就几何形状（圆度、球度）或强度都比较理想，而且耐高温（可达 2000℃），抗化学作用性能好，用于油气层压裂措施可大大减少由于支撑剂性能不好所带来的油气层及填砂裂缝的伤害。

(四)选择适当的压裂工艺

用于解堵为主要目的的压裂措施一般不进行大型压裂,而采用常规压裂措施。

1.分层压裂

我国的油气田,多数为多油气层。压裂时若控制不好,压裂液可能未进入目的层,造成该压开的层未压开,不该压开的层反而压开了,这大大影响了压裂的成功率。解决的办法是进行分层压裂。

1)堵球法分层压裂

将若干堵球随压裂液泵入井中,堵球将高渗层的射孔眼(炮眼)堵住,待压力憋起,即可将低渗层压开。这种方法可在一口井中多次使用,一次施工可压开多层。施工结束后,井底压力降低,堵球在压差的作用下可返排出来。

该方法的优点是省钱省时,经济效果好。由于地下条件复杂,有时可能堵球封堵孔眼不理想,造成压裂失败,采用压开一层后,用堵球封堵住,然后再射开第二层进行压裂,可取得好的效果。使用的堵球有两大类,一种是高密度的,即球的密度比液体大;一种是低密度的,低于液体密度的这种堵球具有明显的浮力效应。密度大的堵球适用于高吸水能力的井段,密度小的堵球适应于低吸水能力的井段。

2)限流法分层压裂

使用于多层和各层之间的破裂压力有一定差别的油井,用控制各层的孔眼数及孔眼直径的办法,限制各层的吸水能力以达到逐层压开的目的。当排量增加时,液体通过射孔眼的摩阻随之增大,从而达到限流目的。限流法的最高注入压力不能超过套管允许的强度值。

该方法的特点是在完井射孔时,要按照压裂的要求设计射孔方案,包括孔眼位置、射孔密度及射孔直径,从而压裂成为完井的一个组成部分。

3)选择性压裂

对于裸眼井或射孔段套管变形,或固井质量不好、容易串槽以及在几米厚的油层中存在高、低渗透层的交互层等情况,当很难使用封隔器分层或限流法分层压裂时,都可采用暂堵剂选择性压裂,使压裂液导向低渗透层以便压开尚有生产潜力或未动的低渗层。方法是在向井内挤入压裂液的同时混入暂堵剂。因为液体首先进入吸入能力强的高渗层,暂堵剂随之将高渗层堵住,使其减少或失去吸水能力。此后泵入不带暂堵剂的压裂液,则能在低渗层部位造缝。

油井用的堵剂是油溶性的苯粒、蜡球。水井用水溶性的盐岩粒。还有油水均可溶的聚甲醛或萘甲酸等。

使用选择性压裂的井最好具有一定的厚度,例如4m以上,水平缝,这样易于控制裂缝产生的部位。如果地下油水层部位清楚,有可能堵住含水高渗层压开含油低渗层。选择性压裂也可用于重复压裂,利用小蜡球将油气层中原裂缝堵住,在其他油气层部位压开新裂缝,反之可能只是使原裂缝延伸。

4)封隔器分层压裂

井况好的井可采用封隔器分层压裂。这是一种使用较早、安全、可靠、方便的方法。使用时用配套的压裂管柱。该工艺比较成熟,效果也好。

5）填砂选压

自下而上的选压是压一层填一层砂，压完后冲砂投产。

2.深层压裂

深层的岩石一般变得致密坚硬，闭合压力增加，地温也高，摩阻也大，这些特点使深层压裂在设备、压裂液、井下工具、支撑剂几个方面都遇到一系列问题，一般压裂工艺难以解决这些问题。深层压裂只能使用高强度支撑剂，如陶粒。由于井深，为减小地面注入压力，一是降低压裂液的摩阻，二是在井下工具上装有特殊开关，在地层破裂前，由油管注液，破裂后油套混压。

压裂液的热稳定性及抗剪切性能在深井中显得特别重要。压裂液在井底及裂缝中的携砂能力和滤失性都受温度的影响及剪切的控制，除了选择耐温的压裂液外，延迟交联也是解决热稳定性的方法之一。

3.高能气体压裂

高能气体压裂是新近发展起来的现代压裂技术，通常有爆燃压裂和燃烧压裂。爆燃压裂是将火药与炸药联用，其中利用少量炸药在井筒周围首先造成对称分布的起裂裂缝，再用大量火药燃烧时产生的高能气体去扩展和延伸裂缝，使其与天然裂缝沟通，从而达到增产的效果。该方法特别适用于水力压裂可能无效的特低渗透性且地层岩石相当坚硬的油气层和不宜采用水力压裂的水敏性油气层等裸眼井的压裂。

高能气体压裂工艺关键是：增压的时间、压力持续时间、安全可靠的封隔器。

高能气体压裂无需水源，地形适应性强，施工方便，安全可靠。不足之处是爆燃压裂对井壁有一定损伤，这些损伤包括炸药爆炸而引起的局部损伤、热冲击造成的热应力和高压气体对井壁的压实作用。

4.泡沫压裂

泡沫压裂是近年发展起来的以泡沫液为压裂液进行压裂的一项技术。其主要优点如下：

（1）携砂能力强。由于黏度较高，砂比可高达64%～72%。

（2）压裂液效率高。造缝深度大，且滤失小，摩阻低（较之清水可降阻40%～60%），有利于造长缝。

（3）导流能力高。由于黏度较高，水裂裂缝宽度增大，加上支撑剂浓度提高，又可铺置于裂缝深处，都有利于导流能力提高。

（4）排液性能好。泡沫破坏后氮气驱动液体到达地面，排液时间约只有通常排液的一半，气井可较快地投入生产，井下的细颗粒还可以较好地带出地面，排液较为彻底。

（5）对油气层伤害小。泡沫压裂液内气体体积占55%～85%，液体用量较少，减少了液体滤失对油气层造成的伤害。泡沫压裂的不足是作业后易形成乳化液，因而应注意泡沫体系内各种添加剂对于油气层的配伍性。

泡沫压裂适用于低压、低渗透水敏性油气层，不仅适用于气井，也适用于油井，对油气层伤害小。水敏性油气层还可用油基泡沫压裂液。

近年来，CO_2泡沫有取代N_2泡沫液的趋势。因为CO_2密度高，泡沫质量相同时黏度更高，且CO_2泡沫较为稳定。

5.CO_2压裂

液化CO_2的临界温度为31℃，临界压力为7.3MPa。在压裂作业中和临界温度的情况下

泵入液态的 CO_2。在稳定的油气层温度和压力下，CO_2 气化，较高的油气层温度或较低的油气层压力将产生较大的膨胀，从而大大改善其滤失性。

目前使用 50% 的 CO_2 和 50% 水基冻胶混合液，效果很好。液态 CO_2 有良好的携砂能力，可降低施工压力，利于保持油气层干净，同时加快排液速度。因而适于高水敏性及特低压的低渗透油气层。

6. N_2 压裂

N_2 具有惰性、低溶解度、压缩性等优点。除作为泡沫液的主要成分外，也可单独用作压裂液。压裂时不用支撑剂，依靠很高的泵速和压力向井内注入 N_2 压开油气层。N_2 压裂不伤害油气层，适于水敏性油气层压裂。

（五）采用延迟交联技术

在水力压裂过程中，压裂液需要满足造缝、携砂、降滤等要求，必须保持一定的黏度。较高的黏度在泵注过程中产生的摩阻损失增大了水马力消耗。高黏压裂液经管道及孔眼剪切后，产生明显的降解作用，流变性变差。上述现象在大型压裂中显得更为突出，因为深井大型压裂要求压裂液保持高黏度、低滤失、高温稳定性、低伤害等特点，常规压裂液无法满足。室内研究表明，未交联的液体经过剪切后，不影响交联后的流变性，因而出现了延迟交联技术，它不仅克服了无机硼交联剂瞬时交联、摩阻高、耐温性能差的不足，实现了压裂液在进入裂缝后交联（可控的延迟交联作用），使压裂液具有较好的流变性。

（六）快速、彻底地将入井的压裂液排出地层

为了实现压裂液的完全反排，目前常用做法有：(1)在进行压裂时加入高效助排剂；(2)使用前后处理液技术（打入液氮、二氧化碳段塞）助排，提高压裂液返排效果；(3)电潜泵排液技术，适应于中高排液量井，其特点是排液效果显著，最终返排率达 100%；(4)使用裂缝强制闭合快速排液技术，压裂施工完后，直接利用不同油嘴，控制放喷流量，不关井压后就放喷，使压开的裂缝强制闭合，这样减少了压裂液在地层里的停留时间，从而减少了液体伤害，有助于改善裂缝支撑剖面和导流能力。

（七）进行优化压裂设计

压裂设计对一口井的施工来说是一个指导性的文件。它能在油气层与设备的条件下选择出经济而又有效的压裂增产方案。

压裂设计包括：选井选层、选择变量参数（例如压裂液和支撑剂的类型、用量和施工排量等）、设计计算（裂缝几何尺寸，即裂缝长度、宽度和高度，裂缝导流能力、增产效果和施工方案等）和经济效益分析。选井选层和选择变量参数要结合经验进行，设计计算一般需借助于计算机完成。目前已有较为成熟的二维压裂优化设计软件，三维压裂软件也在一些油田投入应用。使用压裂软件进行设计既方便又准确，可同时做出多套方案供施工选用。详细的压裂设计内容可参见有关文献资料。

（八）施工中的质量控制

施工中的质量控制是保证压裂效果，防止由于施工不当造成油气层伤害的重要环节，应当

引起重视。主要有以下方面：

(1)检查配液池(或罐)是否清洁；

(2)检查压裂液和支撑剂储罐是否干净；

(3)检查所选用的成胶剂、交联剂和各种添加剂是否合格；

(4)严格按照压裂液配方配制压裂液；

(5)清洗地面管线和井筒,确保清洁；

(6)从原位储罐采取水样,以质量控制材料和程序进行水样分析；

(7)当压裂液胶凝时,在拌砂机槽检查压裂液；

(8)在每个压裂液储罐的顶部和底部测量基础凝胶的黏度,目视检查基础凝胶,计算留在筛网上的"白斑点"(未水合的聚合物块)；

(9)用现场采得的交联剂确定压裂液的交联时间；

(10)施工前计量储罐,确信现场有适量的液体以供计划工作之需；

(11)施工期间监控交联剂、破胶剂和支撑剂的加入情况,严格按设计注液,并留下砂浆样品,核实凝胶的破胶时间,留下支撑剂样品以作标准分析测试；

(12)密切监视地面施工泵压与排量变化情况,防止脱砂和砂堵的发生；

(13)施工后迅速排液,并取样分析,确保迅速彻底排出注入的流体。

以上工作应派专人负责,做好记录。施工结束后做好认真总结,不断提高压裂施工水平。

第六节　提高采收率措施中的保护油气层技术

开采高黏原油(地下原油黏度大于200mPa·s)的最大问题是原油流动性太差。解决这类油藏开采的关键问题是降低原油黏度,提高原油的流动性。为此,普遍采用的方法是向地层注入蒸汽,即所谓蒸汽吞吐和蒸汽驱。

对于原油黏度小于200mPa·s的油层,为了提高注入水的波及系数,采用向注入水中加入高分子聚合物的聚合物驱,或称稠化水驱或增黏水驱。

表面活性剂驱可以采出在注水后无法采出的残余油,降低残余油饱和度。活性剂驱又可分为活性水驱、胶束驱、泡沫驱及注碱水就地生成活性剂等。

在上述不同的采收率方法中,由于注入工作剂不同,与地层中流体和岩石的相互作用、相互影响也不同,因而造成地层伤害的机理也不同。下面就针对采用最广的提高采收率方法中的蒸汽驱(或蒸汽吞吐)、活性剂驱及聚合物驱对油层的伤害问题,影响驱油效果的因素等进行讨论,只有在此基础上才可找出其相应的保护措施。

一、蒸汽驱中的油气层伤害分析及保护技术

蒸汽驱采油是稠油油藏经过蒸汽吞吐采油之后,为进一步提高采收率而采取的一项热采方法,因为蒸汽吞吐采油只能采出各个油井附近油层中的原油,在油井与油井之间还留有大量的死油区。蒸汽驱采油,就是由注入井连续不断地往油层中注入高干度的蒸汽,蒸汽不断地加热油层,从而大大降低了地层原油的黏度。注入的蒸汽在地层中变为热的流体,将原油驱赶到生产井的周围,并被采到地面上来。大多数采用注蒸汽开采的油藏是重质油藏,其岩性特征是

胶结疏松或非固结的松散砂层,通常敏感性黏土矿物的含量较高,因此极易在蒸汽注入地层后,发生黏土膨胀、微粒分散运移、岩石矿物溶解等地层伤害现象,对这类油藏,研究注入蒸汽过程中造成的伤害就十分重要。蒸汽驱中引起地层伤害的主要原因有黏土的不稳定、岩石矿物的溶解以及蒸汽凝析液与地层水的不配伍。此外,从分析还可看出,锅炉排出物中的悬浮固体颗粒对地层的伤害也不容忽视。

(一)蒸汽驱中的油气层伤害分析

1. 黏土矿物膨胀引起的地层伤害

注蒸汽采油常用于地层温度低、固结差的浅油层。这些油层的黏土矿物往往以富含蒙脱石和高岭石为特征。当这些黏土矿物与蒸汽接触时,也全因黏土的膨胀、分散和迁移而使油层的渗透率降低。在油层的不同部位,由于黏土矿物组成和分布的非均质性,黏土矿物膨胀和迁移对油层渗透率的影响程度不同,原来黏土矿物含量高的中、低渗透层影响最大,黏土矿物初含量较低的相对高渗透层影响较小,因此黏土矿物与蒸汽接触后的吸水膨胀进一步加剧了油层的非匀质性。

对以泥质胶结为主的砂岩油层,必须最大限度地减小注入蒸汽对它的破坏,减少蒸汽吞吐时,大量蒸汽凝结水进入地层。由于凝析水矿化度远远低于地层水矿化度,因此无论在热水带还是在冷水带都可能会有黏土膨胀现象出现。

2. 碱敏性、温敏性对油气层的伤害

在高温、高压、强碱的条件下,高岭石、蒙脱石、伊利石、绿泥石等黏土矿物和石英、长石等非黏土矿物会发生转化,形成敏感性矿物,增加油气层速敏、水敏、酸敏等潜在敏感性。

另外,注蒸汽过程中,在热水和蒸汽的相互作用下,常出现蒙脱石和沸石沉淀,蛋白石、高岭石、方解石及其他一些黏土矿物的溶解。矿物的溶解与温度、蒸汽凝析液的强碱性和低离子浓度有关。随着温度和 pH 值的升高(pH 值 >9),石英和硅质矿物的溶解迅速增加,化学反应最强烈的地方是温度和 pH 值最高的注入井井筒附近。矿物溶解造成的油气层伤害有两种形式:一是当油气层变冷或饱和热水向地层深部运移并变冷时,溶解的矿物易产生沉淀造成油气层伤害;二是可溶矿物中含有不可溶的颗粒,当高温注水将可溶物质溶解时,非可溶颗粒被释放,随流体流动,在孔喉处成形成架桥或堵塞。

3. 固相运移对油气层的伤害

在蒸汽驱过程中,长石、石英和碳酸盐矿物可转变为黏土矿物,致使蒸汽驱过程中地层微粒的数量比常规采油的更多。黏土矿物的运移将极大地降低油气层的渗透率而伤害油气层。而在注蒸汽驱中,注入液可能会携带固相微粒进入油气层,骨架颗粒组分和黏土矿物的溶解也会产生大量固相微粒。

稠油油藏注蒸汽开采过程中的固相微粒,当运移到孔喉处时,大的固相微粒就可能会产生"架桥"现象,堵塞孔道,造成渗透率的降低,从而影响注蒸汽开采的效果;另外固相微粒在高速的液流情况下,会随液体一起移动,当速度降低时就会沉积在孔隙壁表面,使孔道变窄。

4. 乳化物堵塞对油气层的伤害

在蒸汽驱过程中,水相一般为低矿化度的蒸汽冷却液体,易于原油形成乳化液体,乳化液的表观黏度比没有乳化的原油的表观黏度高 10 倍以上。在驱替过程中,由于高黏度效应及贾

敏效应,使驱替阻力增加,造成捕集高黏度的不可流动相,从而阻碍随后的移动油、水相,进一步引起乳化使驱替波及体积减小,原油采收率降低。

5. 润湿性变化对油气层的伤害

油藏使用蒸汽驱时,液相为油相,气相为蒸汽,液、气在孔隙中的分布位置将发生变化:残余油将逐渐直接接触孔壁表面,而气相逐渐位于孔隙中间,从而使得残余油大量增加,影响原油最终采收率。另外,随着油气层孔隙温度升高,水膜会变薄,使得原油中的极性化合物更容易吸附于岩石表面,增加了极性化合物的吸附量,因此,润湿性更容易改变。

6. 凝析液与地层水不配伍引起的油气层伤害

与注入水水质不合格引起的油气层伤害相同,注入蒸汽的凝析液与油气层水不配伍时,也会发生化学反应,生成沉淀,堵塞孔喉。

(二)蒸汽驱中的油气层保护技术

1. 控制蒸汽注入速度

热采时应该参照油气层评价实验结果选择合适的注汽速度、放喷速度和压力,以免地层颗粒运移堵塞孔隙。

2. 降低 pH 值

在注蒸汽开采稠油的作业中,锅炉给水在注入锅炉之前先通过离子交换柱,降低硬离子浓度,减少水垢在锅炉中的形成。由于进入锅炉的水成为碳酸氢钠型,在高温条件下,碳酸氢盐分离和水解产生氢氧根,使得蒸汽凝析液呈现出强碱性,其 pH 值达到 11。故应该注蒸汽前向地层中注入含有磷酸、硝酸铵、氯化铵等化学剂降低 pH 值在 9 为宜。

3. 控制注入蒸汽的干度

提高蒸汽干度(65% ~70% 以上),减少水质成分及 OH^- 的危害。

4. 采用合理的防砂措施

井筒附近的流速比较高,必须考虑注蒸汽前近井地带的固砂剂固砂。

5. 加入必要的添加剂

若油藏具有强水敏特征,在注蒸汽前向油气层中注入一定量的黏土稳定剂的处理液,可抑制蒸汽凝析液对油气层造成的伤害。

6. 清除机械杂质

对锅炉排出蒸汽进行处理,清除机械杂质。

二、表面活性剂驱油中的油层伤害分析及保护技术

矿场上所用的表面活性剂主要是石油磺酸盐和烷基磺酸盐类。表面活性剂驱在三次采油过程中导致地层伤害的主要原因是沉淀损失、吸附损失、乳状液的形成等。

(一)表面活性剂驱油中的油层伤害分析

石油磺酸盐由于其成本低,与原油有较好的结构相似性,在国内油田作为驱油剂正进行广泛推广。但石油磺酸盐作为阴离子表面活性剂,抗钙镁阳离子能力并不强,在地层条件下沉淀

损失比较严重。

在驱油过程中,石油磺酸盐将与地层水及黏土中的可交换多价阳离子形成磺酸盐沉淀。沉淀的形成,不仅会导致表面活性剂的损失,而且将会堵塞岩石孔隙,甚至改变表面活性剂驱油体系的性能以及降低油—水间界面张力的能力。

石油磺酸盐与地层水和黏土中的 Ca^{2+}、Mg^{2+} 都能形成沉淀,其化学反应方程式为:

$$2RSO_3^- + 2Na^+ + Ca^{2+} \Longrightarrow Ca(RSO_3)_2\downarrow + 2Na^+$$

$$2RSO_3^- + 2Na^+ + Mg^{2+} \Longrightarrow Mg(RSO_3)_2\downarrow$$

在驱油过程中,一旦沉淀发生,一方面沉淀物会堵塞孔隙,使孔隙体积减小,渗透率降低,驱油效果也随之降低;另一方面,对于黏土矿物,由于 Ca^{2+} 被 Na^+ 交换,使黏土的水敏性大大增加。下面分别对影响沉淀的因素进行分析。

1. 含盐量对沉淀损失的影响

地层水的含盐度是影响磺酸盐沉淀损失的一个重要因素。图6-2是实验所得在不同含盐量的地层水中磺酸盐的沉淀损失情况。由图可以看出,随着含盐度的增加,石油磺酸盐在地层水中的沉淀越来越大。当地层水的含盐度为700mg/kg 时,沉淀损失几乎在70%以上。含盐量的影响可解释为,当地层水中含盐增加时,Ca^{2+}、mg^{2+} 含量也增加,此时磺酸盐的沉淀溶解平衡将向生成沉淀的方向移动,磺酸钙、磺酸镁沉淀增加,则石油磺酸盐的损失量增加。地层水含盐量过高,特别是含二价离子(Ca^{2+}、Mg^{2+})过高的油藏,不宜采用表面活性剂驱,或者最好进行预冲洗。

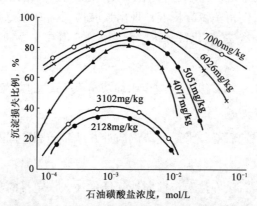

图6-2 不同盐度下石油磺酸盐沉淀损失

2. 温度对沉淀损失的影响

温度对活性剂沉淀损失的影响如图6-3所示。从图中可以看出,随着温度的升高,沉淀损失曲线逐渐向下移动,表明石油磺酸盐的损失逐渐减少。

温度增加使磺酸盐沉淀损失降低的主要原因是当体系的温度增加时,磺酸钙、磺酸镁沉淀的溶解度会增加,因而沉淀量将减少,这对驱油是很有利的。

3. pH 值对沉淀损失的影响

pH 值对石油磺酸盐沉淀损失的影响,示于实验所得的图6-4中。由图中可见,随着 pH 值的增加,石油磺酸盐的沉淀损失量减少。在实验中,用 NaOH 溶液来调节溶液的 pH 值,其离子反应为:

$$M^{2+} + 2RSO_3^- \longrightarrow M(RSO_3)_2$$
$$M^{2+} + OH^- \longrightarrow (MOH)^+$$
$$(MOH)^+ + OH^- \longrightarrow M(OH)_2$$

由离子的反应式看出,当体系的 pH 值增加时,溶液中 OH^- 浓度增加,结果可生成更多的 $Mg(OH)_2$,使溶液中游离的 Ca^{2+}、Mg^{2+} 浓度减小。反应向沉淀解离的方向移动,体系中沉淀将减少,石油磺酸盐的沉淀损失降低。为此,仅就考虑减少石油磺酸盐的沉淀来讲,可适当提高注入活性剂溶液的 pH 值。

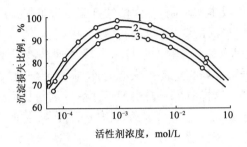

图 6-3 不同温度下磺酸盐在盐度为 7000mg/kg 地层水中的沉淀损失

1—18±0.5℃;2—28±0.5℃;3—38±0.5℃

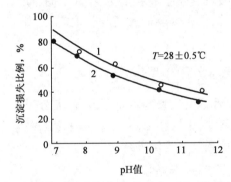

图 6-4 不同 pH 值下磺酸盐在盐度为 7000mg/kg 地层水中的沉淀损失

1—磺酸盐的浓度为 10^{-3} mol/L;2—磺酸盐的浓度为 10^{-4} mol/L

4. 其他损失

当表面活性剂和地层接触时,就会发生吸附,特别是当地层中含有大量黏土(如高岭土、蒙脱石等)时,吸附量是相当可观的,吸附量的大小顺序为:蒙脱土 > 高岭土 > 伊利土。另外,由于地层多孔介质孔隙结构复杂,有些表面活性剂体系进入到某些孔道中就不能被驱替出来,造成滞留损失。表面活性剂分子可以溶解在地层中和残余油中,从而造成溶解损失。由于这些损失,将导致活性剂流体驱油效果的大大减弱。

5. 表面活性剂驱中的乳化吸附问题

在表面活性剂驱油中,引起油气层伤害的另一原因是油水乳状液造成的堵塞。

一般产生乳状液都是由于外来流体进入地层和地层中原有油或水发生乳化。由于表面活性剂的存在而使乳状液变得稳定,当然也有的是由于地层微粒(黏土、固态烃类)而加强其稳定性。阳离子表面活性剂及油湿固体微粒使油包水乳状液稳定。在油湿地层中,往往形成黏度高、稳定性强的油包水乳状液,对油气层伤害最为严重。

无论是水包油还是油包水的乳状液,都会使流体黏度增高,流动阻力增大。此外,乳状液中油水界面的存在和移动,也会引起不规则孔道内压力的瞬时波动,其结果可促使油气层的微粒运移。此外,所进行的研究还表明,表面活性剂溶液(例如,能消除油水界面的胶束微乳液等)会使油气层中由于润湿及界面张力而固定的微粒大量释放出来,发生运移,其结果也可能在流体流动前沿孔隙变窄处遇卡而产生堵塞。

(二)表面活性剂驱油中油层保护技术

由于受到表面活性剂高成本的限制,表面活性剂驱一直未得到广泛推广,可以采用以下办法减小表面活性剂在油气层中的沉淀、吸附等问题。

(1)预冲洗地层。在表面活性剂驱体系打入一段预冲洗液段塞,驱替地层水中的 Ca^{2+}、Mg^{2+} 远离表面活性剂,这样可以减少沉淀损失。另外,在预冲洗液中加入适宜的牺牲剂(价格便宜),提前吸附到地层孔隙,这样减少了昂贵的表面活性剂的吸附损失。

(2)在表面活性剂体系中加入能螯合二价阳离子的螯合剂,如三聚磷酸盐、六偏磷酸盐、乙二胺四乙酸(EDTA)和木质磺酸盐等。

三、聚合物驱中的油气层伤害分析及保护技术

利用高分子聚合物水溶液可提高注入水黏度,降低水的流度,增大注入水的波及区域,从而提高水驱油的采收率。目前,聚合物驱通常还与其他方法(如表面活性剂驱)相结合,以改善驱替液的驱油效率。

(一)聚合物驱中的油气层伤害分析

在聚合物驱油过程中,导致地层伤害的主要原因有:大分子聚合物在孔隙介质中的滞留;高黏聚合物使胶结松散砂粒运移;聚合物溶液与地层流体、矿物等的不配伍等。下面以最常用的聚丙烯酰胺和部分水解聚丙烯酰胺为例进行讨论。

1. 大分子聚合物滞留引起的地层伤害

在驱油过程中,大分子聚合物在孔隙介质中的滞留,不仅会使聚合物溶液流度增加,导致流度控制失败,而且会伤害地层,改变孔隙结构,降低渗透率。

高分子滞留的主要方式有三种,即吸附滞留、水力滞留和机械捕集。其中最主要的是吸附滞留。

1)吸附滞留

吸附滞留的结果是聚合物大分子会堵塞小孔隙。导致聚合物吸附有内因也有外因。内因主要是水解度和平均分子量以及聚合物的浓度。其中,浓度的影响比较复杂,它也直接影响机械捕集的大小。外因主要是矿物成分及岩石润湿性等。

图 6-5 表示聚合物吸附量与聚合物的平均分子量和聚合物水解度之间的关系。由图中看出,随着聚合物分子量或水解度的增大,吸附量在减少。

研究还表明,随着含盐(如 NaCl)浓度的增加,水解和未水解的聚丙烯酰胺的吸附量都会随之增大。

此外,关于岩石润湿性对吸附的影响在很多资料中也都有报道,结论是聚合物在水湿岩石

上的吸附比油湿上的吸附量大。其原因可解释为能溶于水的聚合物是极性的,对水有很大的亲和力。

2)机械捕集和水力滞留

机械滞留是大分子在小孔隙入口处的一种过滤作用,滞留的结果会使聚合物浓度降低,同时堵塞小孔隙。

也有报道指出,这种滞留是可逆的,即当聚合物浓度减小时,被捕集的大分子又会重新被溶解。因此,当进行聚合物驱时,间隔地用淡水驱代替聚合物驱效果可能更好。

水力滞留主要受流速和流动方向的影响。地层孔隙结构直接影响聚合物溶液的流动方向,一般认为流动方向改变幅度越大,滞留量越大;随着流速的改变,如降低流速后再增大流速,则滞留量也会增加。

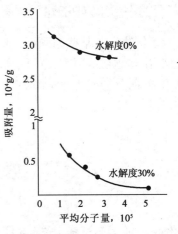

图 6-5 吸附量与平均分子量关系

2. 聚合物溶液与油藏流体不配伍造成的伤害

在驱油过程中,如果聚合物溶液与油藏流体不配伍,不仅会使聚合物损失增大,还会伤害油气层。

1)与地层水的不配伍

地层水的某些化学组分可显著地影响化学驱的动态,而各种水的组成通常变化很大。聚合物对一价、二价阳离子都很敏感,但其程度不同。

雷克陶斯的实验表明,在其他条件相同时,$2g/L$ 的 $CaCl_2$ 溶液中的吸附量比在 $2g/L$ 的 $NaCl$ 溶液中要高 18%。

大庆油田的研究发现,随着矿化度的增加,聚合物溶液的黏度明显降低。研究指出,二价离子的影响最重要,它相当于 9 倍的单价离子。多价阳离子的存在,会增加聚合物在孔隙体系中的吸附,这一结论与 $NaCl$ 对聚合物的影响结论相同,只是多价阳离子的影响更明显些。

此外,Lipton 还指出,在通常的油藏地层水 pH 值范围内,某些二价离子会使聚合物形成凝胶,三价离子(如 Fe^{3+})也可能产生这种胶凝作用。

综上所述,地层水与聚合物的配伍性主要需要考虑地层水的含盐浓度,特别是二价阳离子的情况。如果地层水的矿化度过高,将会引起聚合物分子的聚集。大分子的相互聚集不但导致聚合物用量过大,使溶液产生沉淀,而且相互缠绕的大分子会影响聚合物在多孔介质中的性质,堵塞油层,使注入能力降低,渗透性降低。

2)与地层岩石的不配伍性

研究表明,在油湿油藏或砂粒表面油膜上,聚丙烯酰胺的吸附量几乎为 0。而在强亲水(完全水湿)模型上出现最大的吸附量。但由于实际岩石的润湿性是非均质性的,也就是说小孔隙和胶结部位可能为水湿,大孔隙的内表面为油湿,这就预示着注进油藏中的聚合物吸附分布同样也是不均匀的。聚合在小孔隙和胶结点处的吸附会给流体的流动造成阻力,伤害油气层。

此外,由于聚合物的高黏,还会使胶结松散的砂粒和微粒发生运移,造成油气层伤害。

（二）聚合物驱中的油气层保护技术

为了解决上述某些问题，如对于地层水中含二价金属离子浓度过高的问题，可注入水的预洗段塞，让其驱走地层水；也可向溶液中加入微量的络合剂或螯合剂，这不仅可以使黏度有显著的增加，而且会改善化学添加剂在地层中离子交换的机理，常用的螯合剂有 EDTA、三聚磷酸钠。

第七节　修井作业中的保护油气层技术

修井作业主要包括小修（维护油水井正常生产的日常措施）和大修（处理复杂事故的措施）。油水井小修过程中油气层保护与前文洗井的油气层保护技术基本相同，本节主要讨论大修作业的过程中油气层伤害机理、原因和程度，在此基础上，采取适当的保护油气层技术措施。

一、修井作业中油气层伤害分析

油井大修作业主要包括复杂打捞、修复油井套管、套管内侧钻等作业，其特点是工程难度大，技术要求高，必须用大型的修井设备，并配备大修钻杆、大修转盘等专用设备工具才能开展工作。

油井大修造成的地层伤害原因与洗井作业基本相同，主要也是由于修井液入井后与地层岩石不配伍、修井液入井后与地层流体不配伍、不适当的修井工艺造成的。

（一）不适当的修井液造成的地层伤害

（1）修井液滤液与地层中水敏黏土矿物不配伍，当修井液滤液侵入地层，黏土矿物水化膨胀，颗粒分散运移形成堵塞。

（2）修井入井液不断侵入地层，使地层中的含油饱和度发生变化，地层中岩石的表面润湿性发生变化，甚至反转，降低油相的相对渗透率，造成水锁堵塞。对低孔低渗油气层，水锁（或液锁）效应往往是造成油气层伤害的最重要原因。

（3）当修井入井液与地层水不配伍时将生成无机盐垢、有机盐垢和细菌团，堵塞孔道，造成油气层伤害。

（4）修井液的滤液侵入到地层，由于与地层原油不配伍，油水乳化后形成稳定的油水乳化液造成油气层伤害。

（二）修井作业施工不当对地层的伤害

（1）打捞、切割、套管刮削等作业时间长，造成修井液对油气层浸泡长；

（2）在钻、磨、洗等修井作业中修井液或洗井液上返速率低或体系黏度低，造成大量碎屑堵塞井眼或炮眼；

（3）选择修井作业施工参数不当，例如作业压差过大、排量过大，造成大量滤液侵入油气层，或无控制地放喷，引起油气层产生速敏伤害尤其是低渗或裂缝型油气层应力敏感伤害。

二、修井作业中的保护油气层技术措施

（一）选择优质修井液

优质修井液应满足修井液尽可能少进或不进入油气层，即使进入油气层也不造成油气层敏感性伤害和其他伤害。

（二）选择适当的修井作业工艺和施工参数

（1）优化修井作业程序，缩短修井作业时间，提高修井作业一次成功率，避免多次重复作业。

（2）优选施工参数。例如，采用适当起下管串速度，避免因压力激动或抽吸造成油气层伤害；采用适当的修井液体系密度，避免因体系密度过大而造成大量滤液侵入油气层；采用适当的修井液上返速度和修井液黏度，避免修井作业中碎屑堵塞地层；采用适当的放喷压差，避免因此造成的油气层应力敏感伤害、油气层脱气伤害等。

（三）选择不压井修井作业技术

不压井修井作业的本质技术特点是修井作业在承受油井压力情况下，进行密闭井下作业，即在井筒内带有压力条件下，不用压井液直接进行起下油管及特种工具的技术。

（四）降低油气井产水量的修井

引起油气井大量出水的原因主要有：（1）套管泄漏；（2）误射水层；（3）管外窜槽；（4）底水锥进或边水指进；（5）人工裂缝延伸入水层（压裂窜通水层）；（6）人工裂缝延伸到注水井附近（压裂窜通水井）。

对于（1）、（2）、（3）造成的产水量增加，可用低压挤注低失水水泥的修井措施，这样能阻止水的产出（也可采用注入堵剂的堵水工艺），然后可在所需井段重新射孔。

裸眼井段下部产层产水，可采用回堵的方法。但若井中油气产层位于产水层下面，则为了堵水，通常必须在裸眼井段对衬管注水泥，然后重新完成所需的产油气井段。

油气层垂向渗透率（基岩渗透率或裂缝渗透率）较大的产层易出现水锥，减小水锥的通常方法是回堵并在油—水或气—水接触面以尽可能高的位置上重新完成。如果对垂向流动存在有阻挡层，则回堵可能十分有效。下面两种方法适于底水危害井的堵水，它们都是基于向油气层挤入无机单体水溶液，在孔隙中发生胶凝，在油水界面处建立低渗透屏障，控制水锥。挤替工艺如下：

（1）双边注入法。在油水界面处下一可钻式封隔器。在往油管注入堵剂的同时，往环形空间注入一种与油气层配伍的非凝胶液，使压力平衡，防止堵剂伤害油气层。挤入堵剂之后加隔离液，并挤入滤失的水泥浆封口，反冲洗出多余水泥浆，候凝投产。封隔器留在井底。

（2）等流注入法（也称界面控制法）。不下封隔器，油管下至井底。在往油管注入堵剂的同时，从环形空间注一种带同位素的平衡保护液，并在油管中用电缆把放射性检测仪下到油—水界面位置。调整堵剂和平衡液的排量，可以把堵剂和平衡液的接触面控制在一定位置。这方法也可以封堵注水层串通外流的水。

以上两种挤注方法是目前长射孔井段（尤其裸眼井）施工时防止油气层堵剂污染的最好

方法。

对于产生气锥,且对垂向渗透性不存在有效的阻挡层,则最好的方法是对位于构造上低位的井重新完成。若这不能使问题减轻,则通常的方法是减少产量,关井数星期或数月,对气锥的缩回提供时间,而后使油井在低产量下生产,逐渐增加产量,以确定在无气锥的条件下的最大产量。

复习思考题

1. 油气田生产过程储层伤害的特点是什么?

2. 低孔低渗油气层采油油气层保护主要技术手段有哪些?

3. 有底水的低压气井油气层伤害主要有哪些? 要采取哪些措施进行油气层保护?

4. 高渗油气层注水过程中油气层伤害主要有哪些? 要采取哪些措施进行油气层保护?

5. 热力清蜡油气层伤害有哪些? 要采取哪些措施进行油气层保护?

6. 酸化作业应该采取哪些措施防止二次沉淀?

7. 泡沫压裂油气层保护的原理有哪些?

8. 蒸汽驱油气层伤害有哪些?

9. 表面活性剂驱油气层伤害有哪些?

10. 套管内侧钻油气层伤害主要有哪些? 要采取哪些措施进行油气层保护?

第七章
油气层伤害的矿场评价

油气层伤害的矿场评价技术是保护油气层系统工程的重要组成部分。使用矿物评价技术可以判断和评价钻井、完井直到油气田开发生产(包括二次采油和三次采油)各项作业过程中油气层的伤害程度,评价保护油气层技术在现场实施或后的实际效果,分析存在的问题。正确使用矿场评价技术,可以及时发现油气层,正确评价油气层,减少决策失误。此外,还可以利用矿场评价所获得油气层伤害程度的信息,及时研究解除油气层伤害的技术措施;并可以结合井史分析判断油气层伤害原因,进一步研究修改各项作业中保护油气层技术措施及增产措施。例如,某探井,对奥陶系石灰岩进行中途测试,未见油气,而表皮系数高达21.9,证明油气层受到严重伤害。完井后采用酸化解堵,该井可自喷生产,日产油 $11.2m^3$,日产气 $66581m^3$,从而发现了一个新的油气田。又如二连某井,中途测试日产油量高达 $120m^3$,表皮系数为 -1,油气层没有受到伤害。但完井后试油时,日产油量降为 $14m^3$,表皮系数增为17,证明油层在完井过程中受到了严重伤害,因此必须改进完井技术措施,以减少对油气层的伤害。

矿场评价不同于室内岩心评价。室内岩心评价,分析的受伤害情况范围小,且又多是静态的。而矿场评价是对油气井实际情况进行动态分析,其评价范围大,可反映井筒附近几十米甚至几百米范围内的油气层有效渗透率和受伤害程度。

油气层伤害的矿场评价包括试井评价、产量递减分析及测井评价等,见图7-1。

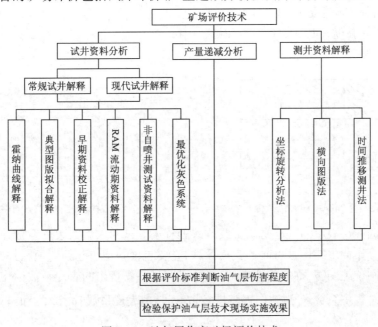

图 7-1　油气层伤害矿场评价技术

第一节　油气层伤害的评价参数

随着对油气层认识的深入,油气层伤害已引起人们的高度重视,对于油气层伤害矿场评价参数,国内外的研究者提出了十一个参数来评价油气层伤害。下面对目前常用的几个评价参数进行说明。

一、几个常用的评价参数

(一)表皮系数

设想在井筒周围有一个很小的环状区域。由于种种原因,如钻井液的侵入、射井不完善、酸化、压裂等,使这个小环状区域的渗透率与油层不相同(图7-2)。因此,当原油从油层流入井筒时,在这里会产生一个附加压降(图7-3),这种现象叫作表皮效应。把这个附加压降(Δp_s)无因次化,得到无因次附加压降,称为表皮系数,用S表示,它表征一口井表皮效应的性质和油气层伤害的程度。

$$S = \frac{Kh}{1.842 \times 10^{-3} q\mu B} \Delta p_s \tag{7-1}$$

式中　K——未伤害地层渗透率,μm^2;

　　　h——油气层有效厚度,m;

　　　q——井地面产量,m^3/d;

　　　B——流体体积系数;

　　　μ——流体黏度,$mPa \cdot s$;

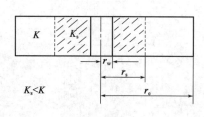

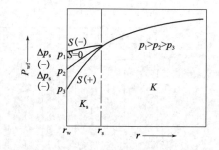

图7-2　井筒附近损害示意图　　　　　　图7-3　具有附加压降的生产压力剖面

表皮系数的大小表示油气层受伤害或改善的程度。试井求出的表皮系数并不一定是钻井完井或其他井下作业中纯伤害引起的表皮系数,它要包含一切引起偏离理想井的各种拟伤害,这些拟伤害区别于纯伤害,称之为拟表皮系数,因此试井测量出的表皮系数称作总表皮系数或视表皮系数。总表皮系数S_t为纯伤害表皮系数S_d与拟表皮系数$\sum S'$之和:

$$S_t = S_d + \sum S'$$

纯伤害表皮系数由下式定义：

$$S_d = \left(\frac{K}{K_s} - 1\right) \ln \frac{r_s}{r_w}$$ (7-2)

式中　K_s——伤害区地层渗透率，μm^2；

　　　r_s——伤害区半径，m；

　　　r_w——油井半径，m。

拟表皮系数可展开为下式：

$$\sum S' = S_0 + S_A + S_P + S_{ND} + S_{PF}$$

式中　S_0——井斜表皮系数；

　　　S_A——油藏形状产生的表皮系数；

　　　S_P——部分打开油气层的表皮系数；

　　　S_{ND}——非达西流产生的表皮系数；

　　　S_{PF}——射孔产生的表皮系数。

（二）有效半径

在已知 K、r_w、S_d 条件下，用式（7-2）并不能同时求得 r_s 及 K_s。为了解决这个问题，引入井筒有效半径 r_c 的概念，设此半径能使理想（未改变渗透率）井的压降等于实际井（具有表皮效应）的压降，即：

$$\ln \frac{r_e}{r_c} = \ln \frac{r_e}{r_w} + S$$ (7-3)

$$r_c = r_w e^{-S}$$ (7-4)

式中　r_e——油井排液半径，油气层未受伤害时，$r_c = r_w$；受伤害时，$r_c < r_w$；改善时，$r_c > r_w$。

（三）流动效率和堵塞比

流动效率 FE 的定义为：

$$FE = \frac{p_e - p_{wf} - \Delta p_s}{p_e - p_{wf}} = \frac{\Delta p_a}{\Delta p_t}$$ (7-5)

式中　p_e——地层静压，MPa；

　　　p_{wf}——井底流动压力，MPa；

　　　Δp_a——实际井的压差，MPa；

　　　Δp_t——理想井的压差，MPa。

从式（7-5）可知，当 $\Delta p_s = 0$ 时，$FE = 1$；当 $\Delta p_s < 0$ 时，$FE > 1$；若 $\Delta p_s > 0$ 时，$FE < 1$。

堵塞比 DR 定义为理论产量 Q_t 与实际产量 Q_a 之比，即：

$$DR = \frac{Q_t}{Q_a} = \frac{J_t}{J_a}$$ (7-6)

式中　J_t——理论生产指数；

　　　J_a——实际生产指数。

已经证明，堵塞比 DR 与流动效率 FE 成倒数关系：

$$DR = \frac{1}{FE}$$ (7-7)

流动效率 *FE* 和堵塞比 *DR* 描述了理论产能与实际产能之间的关系,这两个参数在油气层、油气井伤害评价中及增产措施设计中有广泛的应用,其定量地反映了油气层、油气井伤害程度。

二、油气层伤害的评价标准

油气层伤害的评价参数分别是表皮系数、流动效率、井壁阻力系数、完善程度、产率比等。这些参数的物理定义及数学描述虽不相同,但它们的本质是一样的,各参数之间是有相互联系的,其通式为:

$$FE = PE = PR = CR = \frac{1}{DR} = \frac{\Delta p_t}{\Delta p_a} = \frac{(CI)_t}{(CI)_a} = 1 - DF \tag{7-8}$$

$$S = C = 2.303 \lg \frac{r_w}{r_c} = 1.15 \frac{\Delta p_s}{m}$$

$$= 1.151 DF \cdot CI = 1.151(1 - PR) \cdot CI$$

$$= 1.151(1 - FE) \cdot CI = \cdots \tag{7-9}$$

式中　　*FE*——流动效率;

　　　　PE——完善程度;

　　　　PR——产率比;

　　　　CR——条件比;

　　　　DR——堵塞比;

　　　　CI——完善指数;

　　　　DF——伤害系数;

　　　　S——表皮系数;

　　　　C——井壁阻力系数;

　　　　r_w——井眼半径,m;

　　　　r_c——有效半径,m;

　　　　Δp_s——附加压降;

　　　　m——压力恢复直线段斜率,MPa/对数周期。

下角 t 代表理想井;a 代表实际井;w 代表井。显然,有了这两个通式,只要已知其中一个参数,则可通过通式求得所需的各种参数。有了这些参数以后就可给出评价油气层伤害的评价标准(表 7-1),评价参数(表 7-2),并作出伤害程度的评价(表 7-3)。针对裂缝型油藏的伤害特点提出的新的矿场评价标准。

表 7-1　表皮系数 *S* 评价标准

地　　层	伤　　害	未　伤　害	强　　化
均质油气层	$S > 0$	$S = 0$	$S < 0$
裂缝型	$S > -3$	$S = -3$	$S < -3$

表 7-2　均质地层评价参数

序号	评定指标	符号	伤害	未伤害	强化
1	表皮系数	*S*	>0	0	<0
2	井壁阻力系数	*C*	>0	0	<0
3	附加压降	Δp_s	>0	0	<0
4	伤害系数	*DF*	>0	0	<0

序号	评定指标	符号	伤害	未伤害	强化
5	堵塞比	DR	>1	1	<1
6	流动效率	FE	<1	1	>1
7	产率比	PR	<1	1	>1
8	完善程度	PF	<1	1	>1
9	条件比	CR	<1	1	>1
10	完善指数	CI	>8	7	<6
11	有效半径	r_c	$< r_w$	r_w	$> r_w$

表 7-3　均质油气层伤害程度评价标准

伤害程度	轻微伤害程度	比较严重伤害	严重伤害
S 取值范围	0~2	2~10	>10

（一）裂缝—孔隙型油藏伤害特点

裂缝—孔隙型油藏由于油气层存在裂缝,一旦作业不当就会造成地层的严重伤害并且对油藏开采带来致命的影响。因此,必须正确认识裂缝型油藏的伤害机理,其伤害机理可以归纳为以下几类:(1)固相颗粒侵入;(2)化学剂吸附;(3)黏土矿物伤害;(4)结垢;(5)应力敏感。以上这几种伤害类型对渗流的影响主要分为两个方面:一方面造成裂缝渗流能力的降低;另一方面造成基块与裂缝之间的窜流能力降低。

（二）裂缝—孔隙型油藏新的评价参数和评价标准的提出

对于裂缝—孔隙型或孔隙—裂缝型双重介质,目前常规油气藏的矿场评价标准不能满足油气层保护与评价需要,因此提出裂缝—孔隙型油气层新的评价标准见表 7-4。

表 7-4　裂缝型双重介质表皮系数新评价标准

油藏类型	评价参数	强化	损害	未损害
均质常规油气藏	S	<0	>0	0
裂缝型	S_f	>-3	-3	<-3
双重介质	S_{ma}	<0	>0	0

注:S_f—裂缝表皮系数,S_{ma}—基质与裂缝之间窜流表皮系数。

第二节　油气层伤害的试井评价

油气层伤害程度可以通过对试井过程中所获得的测试压力曲线的分析,定性或定量地加以确定。

一、利用地层测试压力曲线定性诊断油气层伤害情况

图 7-4 是一张典型地层测试压力曲线图,图中曲线 A 为低压低渗透(干层)曲线;曲线 B 为低渗透曲线;曲线 C 为能量衰竭曲线;曲线 D_1、D_2 为地层伤害堵塞曲线;曲线 E 为高压低渗透曲线。

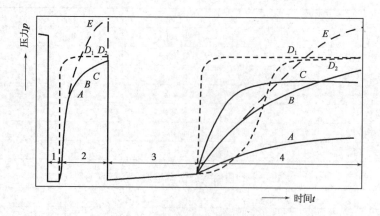

图 7-4 典型地层测试压力和曲线

1—初流动期;2—初关井期;3—终流动期;4—终关井期

图 7-5 是一张存在伤害的高渗透层典型 DST 测试曲线,它具有以下特征:

(1)开井流动压差较大;

(2)关井压力恢复初期,恢复压力上升速率大,且有明显的转折点(图 7-5 中的 A、B 点)。

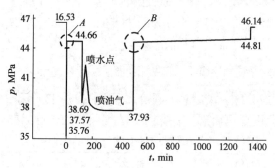

图 7-5 伤害堵塞典型压力曲线

依据以上特征可以定性判断油气层伤害程度。压力恢复曲线转折点(A、B)处曲线越接近直角,开井流动压差越大,油气层伤害越严重。

二、利用测试资料定量分析油气层伤害程度

在勘探开发不同阶段,运用试井分析方法,经过对测试取得的压力、产能、流体物性等资料的分析处理,便可得到表征油气层伤害程度的表皮系数 S、堵塞比 DR、附加压降(Δp_s)等重要参数及表征油气层特征的其他参数,见表 7-5。

表 7-5 勘探开发不同阶段试井分析成果表

项目 类型	流体 性质	产能	地层 压力	渗透率	表皮 系数	堵塞比	附加 压降	边界 距离	边界 性质	驱动 类型	储量	注水 前缘	备注
中途测试	√	√	√	√	√	√	√	—	—	—	—	—	测试时不宜过长,控制在 8~24h,避免卡钻

类型 ＼ 项目		流体性质	产能	地层压力	渗透率	表皮系数	堵塞比	附加压降	边界距离	边界性质	驱动类型	储量	注水前缘	备注
完井试油测试		√	√	√	√	√	√	√	√	√	—	—	—	非自喷井开井阶段避免自行关井,以保证恢复资料质量
开发井测试	油气井	√	√	√	√	√	√	√	√	√	√	√	—	气井要完成两次完整的开关井,以保证无阻流量和真实表皮系数求取
	注水井	—	—	√	√	√	√	√	√	√	—	—	√	要保证恒量注入
作业评价测试		√	√	√	√	√	√	√	√	√	√	√	—	

使用试井过程所获得的压力曲线进行解释时,在均质油藏单相流动情况下,如测压时间足够长,压力—时间半对数曲线出现直线段(即达到径向流阶段),可用霍纳法求出油气层有效渗透率和表皮系数。但对于某些非均质性、多相流的油气层,达到直线段的时间可长达数月,而实际试井时间只有 3～5d,因此无法使用霍纳法。近几十年,发展了多种现代试井解释方法,图 7-1 中仅列出了其中常用的几种。利用试井早期资料,根据地层情况选用不同解释方法可求得地层参数及油气层伤害参数。

三、油气井产量递减曲线分析

油气井的生产动态随着时间的推移而变化,进行油气井产量递减分析对于正确诊断和识别油气层伤害是非常有用的。

(一)产量递减分析的意义

产量递减动态分析是正确识别油气层伤害的重要手段。根据油气田或油气井产量的正常递减规律,当油气田或油气井的年(月)产量递减率过大时,或者是在油井开采的初期或修井作业后出现产量锐减,都可根据产量递减动态分析来判断是油气层伤害还是地层能量衰减或水淹造成的。

(二)产量递减分析方法

(1)产量—时间关系曲线;

(2)产量—时间半对数关系曲线;

(3)产量—累积产出量关系曲线;

(4)产量—累积产出量半对数关系曲线。

图 7-6(a)是一口井产量与时间的半对数关系曲线,图中表明了产量的正常和异常递减情形,可以用来诊断油气层伤害。图 7-6(b)是某井产量与时间的关系曲线。

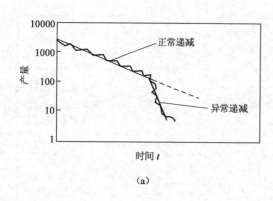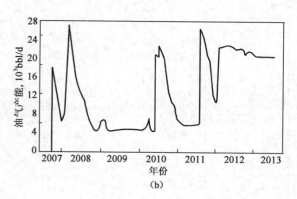

图7-6　油气井产量递减曲线

(a)产量与时间半对数关系曲线;(b)某井产量与时间关系曲线

第三节　油气层伤害的测井评价

油气层伤害的测井评价是油气层伤害矿场评价的重要组成部分。它与试井评价互为补充。要全面评价油气层伤害,应加强试井和测井这两种方法的系统性和配套件。

一、指示油气层受到钻井液滤液侵入的方法

一般地,利用测井资料可准确地判断油气层是否受到钻井液滤液的侵入,并能计算侵入的深度。由于造成油气层伤害的因素是多方面的,钻井条件和钻井液是重要因素。严重的油气层伤害会给测井评价带来很大困难。

(一)时间推移测井资料能反映钻井液滤液侵入

我国各油田都进行过时间推移测井。在裸眼井中用电阻率测井方法,在不同时间进行测井,根据测井曲线数值变化,可分析出钻井液滤液对油气层的伤害。时间推移测井要求采用的测井仪器性能稳定、测量条件一致。否则,时间推移测井资料容易造成假象。图7-7是一个时间推移测井实例。图中3180~3194m的油气层,微电极曲线有幅度差,前后不同时间测量的0.45m和4m梯度电极数值有较大变化,感应测井曲线幅度也有较大变化,自然电位有负异常都说明该地层为渗透性地层,并反映出随着时间的推移,钻井液滤液侵入逐渐加深,井壁形成泥饼。

图7-8是塔里木油田轮南57井钻开油层后2d和20d两次测量的感应测井曲线。第二次测井油层电阻率降低了10%左右,而水层的电阻率升高。

图7-9是华北油田岔河集岔31—26井时间推移测井综合图。第18、19层为油层,第20、21层为水层。可明显地看到,油层电阻率随时间推移略有降低,水层电阻率则明显增加。这是在钻井液滤液电阻率大于地层水电阻率时,时间推移测井电阻率变化的情况。而当钻井液滤液电阻率低于地层水电阻率时,尤其是饱和盐水钻井液时,地层电阻率则明显降低。

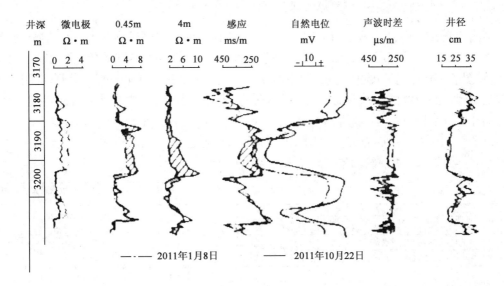

井深 m	微电极 Ω·m	0.45m Ω·m	4m Ω·m	感应 ms/m	自然电位 mV	声波时差 μs/m	井径 cm
	0 2 4	0 4 8	2 6 10	450 250	− 10 +	450 250	15 25 35

—·— 2011年1月8日　　　—— 2011年10月22日

图 7 − 7　时间推移测井曲线

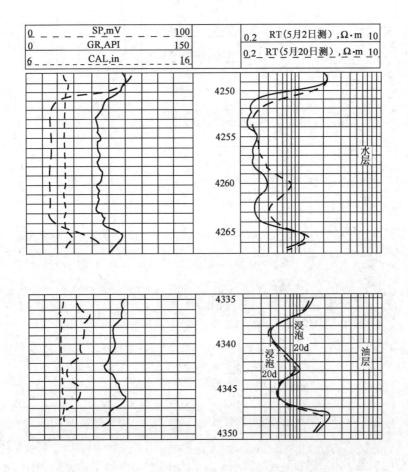

| 0 ——— SP,mV 100 |
| 0 ——— GR,API 150 |
| 6 ——— CAL,in 16 |

| 0.2 RT(5月2日测),Ω·m 10 |
| 0.2 RT(5月20日测),Ω·m 10 |

图 7 − 8　轮南 57 井 I —Ⅱ油组时间推移测井实例

（二）深、浅双侧向测井和微球形聚焦测井求侵入带直径

不同的测井方法，其探测范围不相同。深、浅双侧向测井和微球形聚焦测井的探测范围依次是深、中、浅。当油气层受到钻井液滤液侵入时，深、浅双侧向和微球形聚焦测井曲线显示有幅度差，图 7－10 是这种测井实例。图中的 A、B、C 层，测井曲线有明显的幅度差，说明 A、B、C 层都是受到钻井液滤液侵入的油气层。侵入带直径可以用经过井眼和围岩校正后的深、浅双侧向测井的读值以及微球形聚焦测井读值一起在侵入校正图版图 7－11 上求得。

以图 7－10 中的 A 层为例，说明求侵入带直径 d_i 的过程。已知：井眼半径 $r_w = 4\text{in}$，钻井液电阻率 $R_m = 1\Omega \cdot m$，A 层的围岩电阻率 $R_s = 100\Omega \cdot m$。

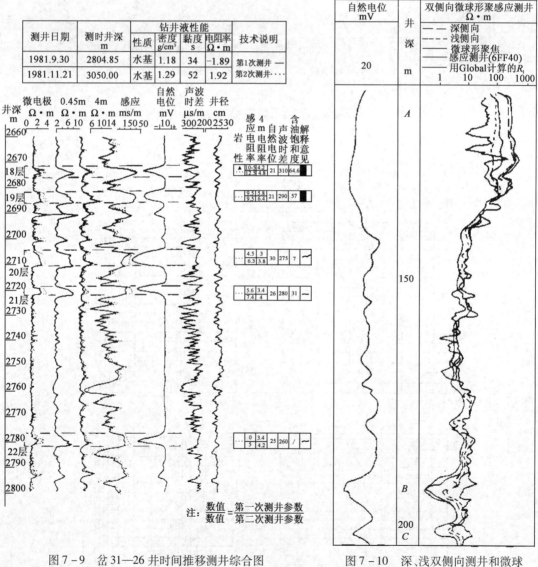

注：$\dfrac{数值}{数值} = \dfrac{第一次测井参数}{第二次测井参数}$

图 7－9　岔 31—26 井时间推移测井综合图

图 7－10　深、浅双侧向测井和微球形聚焦测井曲线

解：（1）分层取值。A 层厚度 $h = 30\text{ft}$。深、浅双侧向测井电阻率值分别为：$R_{LLD} = 230\Omega \cdot m$，$R_{LLS} = 80\Omega \cdot m$，微球形聚集测井电阻率 $R_{MSFL} = 45\Omega \cdot m$。

（2）井眼和围岩校正。查井眼校正图版，校正系数为1，免于校正。查围岩校正图版，得校正系数为$C_d = 1.3$，$C_s = 1.0$，故校正后的深侧向测井电阻率值应为$1.3 \times 230 = 299\Omega \cdot m$，浅侧向测井电阻率值免于校正，仍为$80\Omega \cdot m$。

（3）求侵入带直径d_i。令$R_{MSFL} = R_{XO} = R_i = 45\Omega \cdot m$（即微球形聚焦测井电阻率值假设为冲洗带电阻率值）。那么，$R_{LLD}/R_{XO} = 299/45 = 6.6$，$R_{LLD}/R_{LLS} = 299/80 = 3.74$。在图7-11的校正图版上，分别用6.6和3.74作为纵、横坐标，查得交点。该点读值为$R_t/R_{XO} = 10$，$R_t/R_{LLD} = 1.65$，$d_i = 65$in。因此A层的地层真电阻率值$R_t = 10 \times R_{XO} = 10 \times 45 = 450\Omega \cdot m$或者$R_t = 1.65 \times R_{LLD} = 1.65 \times 299 = 493\Omega \cdot m$，侵入带直径$d_i = 65$in。

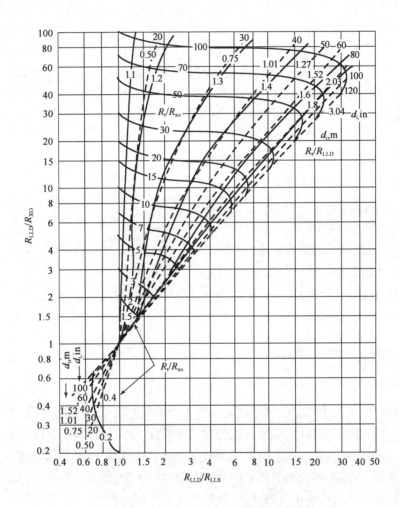

图7-11　侵入校正图版

用深、中感应测井和八侧向测井曲线也同样可指示钻井液滤液的侵入，并能求出油气层的真电阻率、侵入带电阻率和侵入带直径。方法基本与上述相同。

二、评价油气层伤害深度的方法

采用正压钻井过程中，井眼周围的油气层将不同程度地受到钻井液滤液和一些固相颗粒的侵入，如果这种侵入使油气层渗透率减小，则油气层受到钻井液的伤害。利用测井资料可准确地判断油气层是否受到钻井液滤液的侵入，并计算侵入的深度和评价伤害深度。

（一）钻井液滤液侵入地层的物理过程

钻井液或滤液侵入地层的过程，就是钻井液或滤液在正压差下驱替地层原始流体的过程，在这个过程中还将同时产生水基钻井液或滤液与地层水的混合，以及不同矿化度流体间的离子扩散过程。因此，钻井液或滤液驱替地层中原始流体、相容流体间的混合和不同浓度溶液间的离子扩散，构成了钻井液或滤液侵入的全过程。

所研究工区为孔隙型地层，这种地层具有孔径小、孔隙多且分布均匀的特点。根据国内外文献报道，在孔隙型地层，钻井液滤液侵入深度一般在 1~5m 范围内，而内泥饼厚度在 3cm 左右，外泥饼厚度在 2cm 以内。

对于孔隙型地层，如果忽略内泥饼的形成过程，那么，钻井液侵入地层的过程可以看成钻井液滤液驱替地层孔隙中流体的过程。这一过程服从达西定律和多相渗流方程，并且侵入量主要取决于泥饼和地层的渗透性，其次与油气水的黏度和压缩性、钻井液柱与地层的压差、地层的孔隙度、含油饱和度、残余油和水饱和度、毛管压力特性及相渗特性等因素有关。

滤液侵入地层，在径向上将形成驱替程度不同的三个带：

（1）井壁附近受到强驱替的冲洗带；

（2）冲洗带外驱替较弱的过渡带；

（3）未驱替的原状地层。

在滤液侵入地层，驱替地层原始流体的同时，滤液与地层水之间将产生流体混合及离子扩散过程。混合过程服从单相渗流传质方程，且这一过程仅发生在冲洗带和过渡带内。离子扩散过程是指不同浓度的盐溶液接触时，高浓度一方的盐类离子在渗透压的作用下，向低浓度一方扩散的过程，这一过程服从扩散定律。

（二）钻井液侵入对测井响应的影响

由于钻井液液柱压力与地层孔隙压力不平衡所造成的流体流入流出地层，使得井眼附近地层中所含流体性质与原状地层性质不同。当钻井液柱压力高于地层孔隙压力，钻井液侵入深度取决于岩石的孔隙度和渗透率、钻井液的失水因素，以及井眼和地层之间的压差。对于给定的钻井液类型，在与其接触的地层的渗透性和润湿性及压差一定时，孔隙度越小，侵入深度越大。在测井曲线上，显示出探测半径不同的仪器响应值不同，如微电极曲线、深浅电阻率测井曲线和时间推移测井曲线将出现幅度差，井径曲线将显示有缩径。

（三）钻井液滤液侵入直径的常规评价方法

深、浅双侧向和微球形聚焦测井曲线组合不但能指示油气层受到了钻井液的侵入，而且能定量地求出侵入带直径。深、浅双侧向和微球形聚焦测井曲线组合确定滤液侵入直径是目前普遍采用的常规评价方法。该方法的实施依赖于一系列的图版完成，仅能提供侵入直径的近似值，得不到井周地层流体性质的变化规律，从而阻碍了测井评价油气伤害深度工作的顺利实施。

（四）钻井液滤液侵入地层的数学模型

钻井过程中,在正压差作用下,钻井液滤液侵入地层,产生驱替、混合和扩散导致地层径向含水饱和度和矿化度发生变化的过程,可以通过下述数学模型进行定量分析:

(1)流体在多孔隙介质中的渗流;

(2)不同矿化度溶液的对流传质;

(3)不同矿化度溶液间的离子扩散。

因为盐离子的扩散速度较低,所以盐离子的扩散过程在钻井液滤液侵入地层时表现不明显,而主要发生在侵入过程结束之后。由于离子扩散总是从浓度高的一方向低的一方且速度极慢,而所研究井均为淡水钻井液钻井,因此,离子扩散过程不会引起径向盐浓度的明显变化,所以没有考虑离子扩散过程对侵入深度的影响(数学模型略)。

（五）某油田油气层侵入深度和伤害深度评价实例

某油田 A 井共处理了 4 个油气层段,各油气层段主要参数见表 7 - 6。

表 7 - 6　A 井各油气层段主要参数

层位	序号	深度段,m	ϕ,%	S_o,%	K,10^{-3} μm^2	压力梯度,MPa/100m	备　注
E_3b^4	1	1189.00 ~1204.00	18	73	70	—	油层
E_3b^5	2	1235.50 ~1239.00	12	48	7	—	差油层
E_3b^5	3	1245.00 ~1253.00	15	62	30	—	油层
E_3b^5	4	1291.00 ~1295.50	15	65	20	0.947	差油层

A 井计算过程中采用了一组相对渗透率曲线,如图 7 - 12 所示。计算中用到的其他一些参数见表 7 - 7。

表 7 - 7　计算中用到的其他一些参数取值见下表

井　名	钻井液密度	钻井液电阻率	泥饼厚度	泥饼渗透率
A	1.19,g/cm³	1.4Ω·m/18℃	0.5 ~1.0cm	$10^{-6}\times10^{-3}$~$10^{-7}\times10^{-3}$ μm^2

各层段钻井液侵入特征见图 7 - 13 至图 7 - 15。由图可见,A 井的层段 3 侵入较深,其他各井段滤液波及最大深度均在 1m 以内。

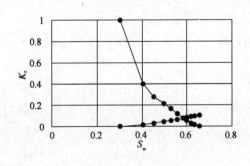

图 7 - 12　A 井计算用相对渗透率曲线

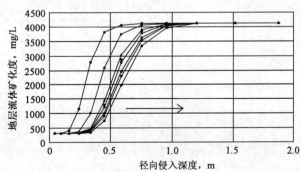

图 7 - 13　A 井层段 1 滤液侵入深度随时间的变化

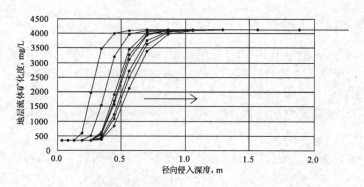

图 7 - 14 A 井层段 2 滤液侵入深度随时间的变化

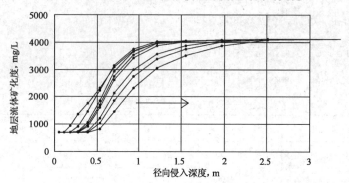

图 7 - 15 A 井层段 3 滤液侵入深度随时间的变化

复习思考题

1. 常用的油气层伤害评价参数有哪些？各参数的评价标准是什么？
2. 什么叫油气层伤害的试井评价？其作用是什么？
3. 列举评价油气层伤害程度深度的方法？
4. 如图 7 - 16,指出测试卡片曲线中,A、B 两种情况下该井是否存在伤害,并说明理由。

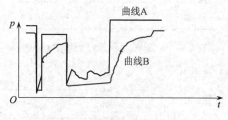

图 7 - 16 某井测试卡片曲线

参 考 文 献

[1] 蔡进功,吴锦莲,苏海芳,等.油气层保护技术研究进展[J].油气地质与采收率,2001,8(3):67-70.

[2] 罗平亚,康毅力,孟英峰,等.我国储层保护技术实现跨越式发展[J].天然气工业,2006,26(1):84-87.

[3] 法鲁克·西维.油层伤害:原理、模拟、评价和防治[M].北京:石油工业出版社,2003.

[4] 徐同台,熊友明,等.保护油气层技术[M].4版.北京:石油工业出版社,2016.

[5] 张绍槐,罗平亚,等.保护储集层技术[M].北京:石油工业出版社,1993.

[6] 方绍仙,侯方浩.石油天然气储层地质学[M].东营:石油大学出版社,1998.

[7] 何更生.油层物理.北京:石油工业出版社,1993.

[8] 于云琦.采油工程.北京:石油工业出版社,2007.

[9] 徐同台.中国含油气盆地黏土矿物.北京:石油工业出版社,2003.

[10] 廖作才,熊海灵.保护油气层技术.北京:石油工业出版社,2002.

[11] 牛步青,黄维安,王洪伟,等.聚胺微泡沫钻井液及其作用机理[J].钻井液与完井液,2015,32(6):30-34.

[12] 杨运好.试油与修井作业中油气层的损害与保护措施分析[J].化工管理,2016(30):162-162.

[13] 李明,马建勋.保护油气层钻井液技术研究[J].中国石油和化工标准与质量,2013(2):168-168.

[14] 刘均一,邱正松,黄维安,等.南海东方气田高密度抗高温钻井液完井液室内研究[J].石油钻探技术,2013,41(4):78-82.

[15] 高闯.在试油过程中保护油气层的措施[J].中国石油和化工标准与质量,2017,37(2):55-56.

[16] 张康卫,李宾飞,袁龙,等.低压漏失井氮气泡沫连续冲砂技术[J].石油学报,2016,37(s2).

[17] 石磊.屏蔽暂堵保护油气层技术的现场应用[J].石化技术,2017,24(3):248-248.

[18] 张炎山,孙书贞,张兰英,等.屏蔽暂堵保护油气层技术在中原油田的应用[J].西部探矿工程,2006,18(2):67-68.